KB100427

지식 제로에서 시작하는 수학 개념 따라잡기

삼각함수의 핵심

Newton Press 지음

우에노 겐지 협력

김서현 옮김

청어람e))

NEWTON SHIKI CHO ZUKAI SAIKYO NI OMOSHIROI !! SANKAKU KANSU

ⓒ Newton Press 2019
Korean translation rights arranged with Newton Press
through Tuttle-Mori Agency, Inc., Tokyo, via BC Agency, Seoul.

www.newtonpress.co.jp

들어가며

'삼각함수'라는 말을 들어본 적이 있는가? 고등학생 이상의 독자라면 삼각함수의 수많은 공식과 개념을 붙잡고 씨름한 경험이 있을 것이다. 혹은 삼각함수가 뭔지 전혀 모르겠다는 독자도 많을 것이다.

삼각함수는 오래전부터 토지의 면적이나 거리를 측정하는 편리한 도구로 활용되었다. 현대에는 우리 주변에서 더 크게 활약하고 있다. 매일 보는 TV방송부터 지진 분석, 스마트폰 통신에 이르기까지 많은 기술이 삼각함수에 의존한다.

이 책에서는 삼각함수의 기본과 성립 과정, 사회와 삼각함수의 관계를 '엄청' 재미있게 소개한다. 곳곳에 등장하는 문제를 풀어가다 보면 삼각함수를 기초부터 배워나갈 수 있다. 지금부터 삼각함수의 세계에 푹 빠져보자!

차례

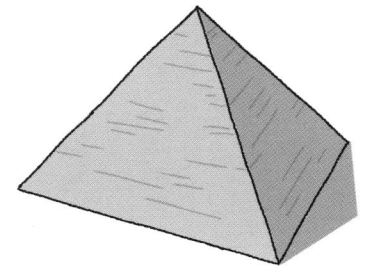

제2장 삼각함수의 기본

제3장 사인, 코사인, 탄젠트의 관계

제4장 삼각함수가 파동을 만든다

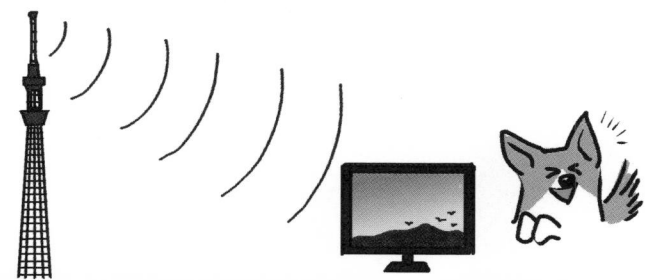

0 삼각함수란 무엇일까?

❖ 삼각형의 성질을 연구하면서 발전했다

'사인', '코사인', '탄젠트'. 학생 시절 마치 주문 같은 용어와 공식 때문에 많은 사람이 머리를 쥐어뜯지 않았을까? 이 공식들을 대체 언제, 어디에 쓴다는 말인지 의문스러웠던 사람도 있을 것이다.

삼각함수는 삼각형의 '각'과 '변의 길이'의 관계를 밝히는 수학이 발전한 것이다. 그뿐 아니라 언뜻 삼각형과 아무 상관이 없어 보이는 '파동'의 성질을 밝히는 데도 유용하다.

❖ 파동을 이용하려면 반드시 필요하다

우리는 빛, 소리, 전파 등 다양한 파동에 둘러싸여 생활한다. **파동의 성질을 능수능란하게 다루려면 삼각함수가 꼭 필요하다.** 삼각함수가 현대사회를 떠받치는 밑바탕이라 해도 과언이 아니다. 지금부터 삼각함수의 역사와 기초 지식, 그리고 물리학과 공학에서 삼각함수가 어떻게 응용되는지 알아보자.

측량은 물론이고 스마트폰 사진 촬영, 음악 재생, 인공음성, MRI 같은 의료기기 등 삼각함수를 활용한 기술은 산더미만큼 있다!

삼각함수는 내 옆에서 활약하고 있구나!

제1장
삼각함수가 탄생하기까지

삼각함수는 어떤 역사적 배경에서 태어났을까?
삼각함수의 토대가 된 개념을 찾아
고대 이집트 시대로 거슬러 올라가 본다.
토지의 면적이나 거리 등을 측정하기 위한 연구가
훗날 삼각함수 탄생으로 이어진다.

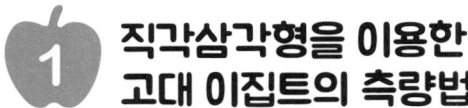

1 직각삼각형을 이용한 고대 이집트의 측량법

◆ 토지 측량에서 탄생한 기하학

삼각함수는 원래 도형을 연구하는 학문인 기하학에서 탄생했다. 기하학은 고대 이집트에서 주로 토지를 측량하는 용도로 발달했다. 기하학을 뜻하는 영어 Geometry의 어원은 "토지·지구를 측정하다"이다.

◆ 밧줄로 만든 직각삼각형으로 측량하다!

고대 이집트에서 토지를 측량할 때는 세 변의 길이의 비가 '3:4:5'인 삼각형을 이용했다고 전해진다.* **밧줄에 똑같은 간격으로 매듭을 묶은 다음, 세 변의 길이의 비가 3:4:5가 되도록 삼각형을 만들면 반드시 직각삼각형이 된다.** 직각삼각형을 만들면 직각($90°$)을 정확히 재현할 수 있다. 직각을 포함하는 직사각형이나 직각삼각형 등의 형태로 토지를 나누면 토지의 면적을 측정하기 쉽다. 고대인들은 삼각형의 성질을 지혜롭게 활용하여 토지를 측량했다.

---

* 고대 이집트인들이 측량할 때 정말로 3:4:5 비율로 된 밧줄을 사용했다는 기록은 확인되지 않았다.

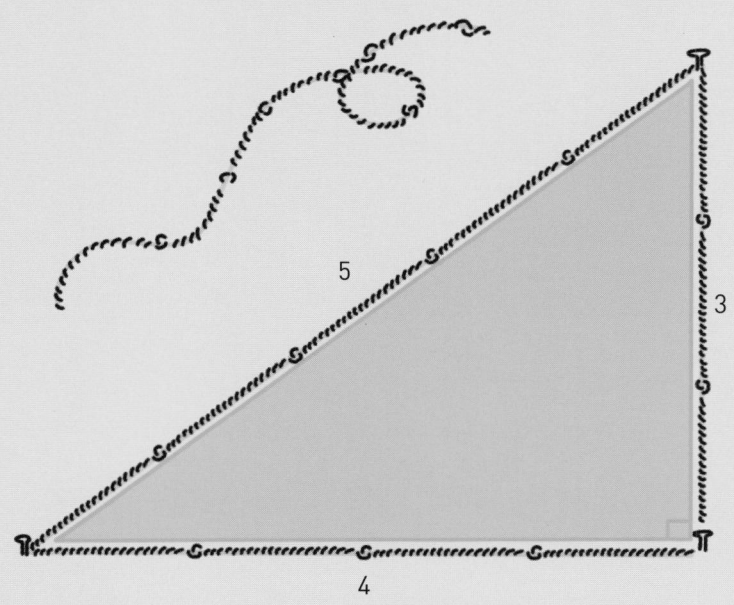

끈에 같은 간격으로 매듭을 열두 개 만들어서
세 변의 비가 '3:4:5'인 직각삼각형을 만들어보자!

2 삼각함수의 토대, 삼각형의 '닮음'이란?

✦ 삼각함수를 이해하는 데 꼭 필요한 닮음

고대부터 닮음이라는 개념이 측량에 이용되었다. 닮음은 바로 삼각함수의 토대를 이루는 개념이다. **닮음이란 두 도형의 모양은 같지만 크기가 다른 것을 가리킨다.** 서로 닮은 삼각형은 한 도형을 일정한 비율로 확대 또는 축소했을 때 다른 한 도형과 합동이 된다. 다시 말해 닮음인 삼각형은 대응변의 길이의 '비'가 모두 같다.

닮음 관계인 삼각형을 생각해보자

세 변의 비가 3:4:5인 서로 닮은 직각삼각형을 세 개 그렸다. 닮음인 삼각형은 대응변의 길이의 '비'가 모두 같다.

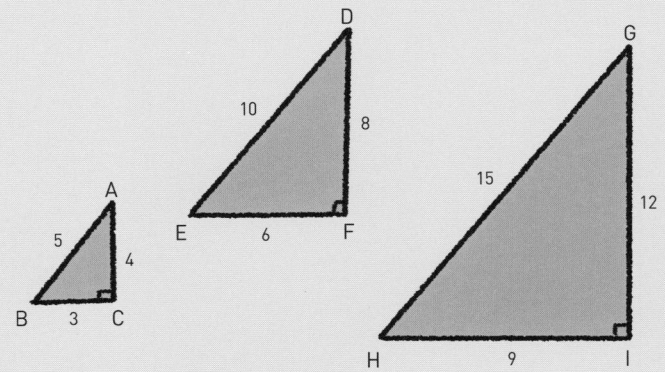

✦ 삼각형의 닮음조건이란?

왼쪽 아래의 그림을 살펴보자. 삼각형 ABC(△ABC)와 삼각형 DEF (△DEF)를 보자. 세 대응변의 비를 다음과 같이 나타낼 수 있다.

△ABC의 밑변 : △DEF의 밑변 = BC : EF = 3 : 6 = 1 : 2

△ABC의 빗변 : △DEF의 빗변 = AB : DE = 5 : 10 = 1 : 2

△ABC의 높이 : △DEF의 높이 = AC : DF = 4 : 8 = 1 : 2

이처럼 대응하는 변의 비가 모두 같다. 따라서 △ABC와 △DEF는 닮음이라는 사실을 알 수 있다. **아래에 제시한 세 가지 '닮음조건' 중 하나만 충족하면 두 삼각형은 서로 닮은 삼각형이다.**

삼각형의 닮음조건(세 조건 중 하나를 충족한다)

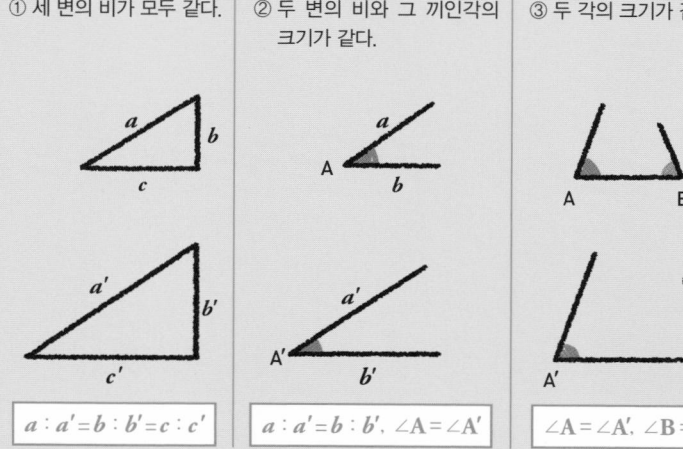

① 세 변의 비가 모두 같다.

② 두 변의 비와 그 끼인각의 크기가 같다.

③ 두 각의 크기가 같다.

$a : a' = b : b' = c : c'$

$a : a' = b : b'$, $\angle A = \angle A'$

$\angle A = \angle A'$, $\angle B = \angle B'$

③ 닮음을 활용하면 막대 하나로 피라미드의 높이를 알 수 있다!

❖ 철학자 탈레스도 닮음을 이용했다!

삼각형의 닮음을 활용하면 답을 구하기 어려워 보이는 문제도 쉽게 풀 수 있다.

고대 그리스의 철학자 탈레스(기원전 624년경~기원전 547년경)는 이집트를 방문했을 때, 다음과 같은 방법으로 거대한 피라미드의 높이

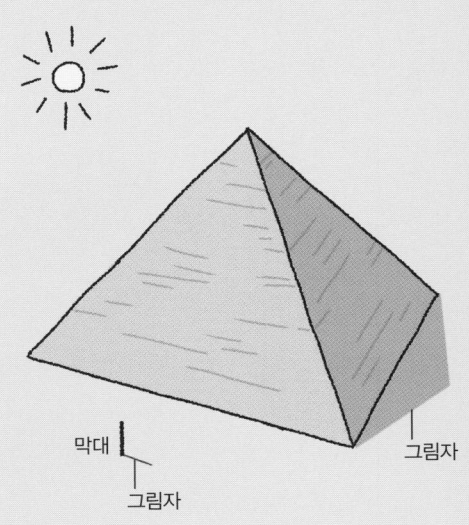

피라미드의 높이는?

지면에 세운 막대의 높이와 막대 그림자의 길이가 같아졌을 때, 피라미드 그림자의 길이(오른쪽 그림의 A+B)와 피라미드의 높이도 같아진다.

막대

그림자

그림자

를 구했다.

✦ 막대와 그림자에서 직각삼각형이 나타난다!

먼저 막대를 지면에 수직으로 세운다. 그리고 지면에서 잰 막대의 높이와 막대가 만드는 그림자의 길이가 같아질 때 피라미드 그림자의 길이를 쟀다.

즉, 탈레스는 '막대와 막대 그림자가 만드는 삼각형'과 '피라미드의 높이와 피라미드 그림자가 만드는 삼각형'이 서로 닮은 직각이등변삼각형이 된다고 생각했다. 이때 피라미드가 만드는 그림자의 길이는 피라미드의 높이와 같아진다.

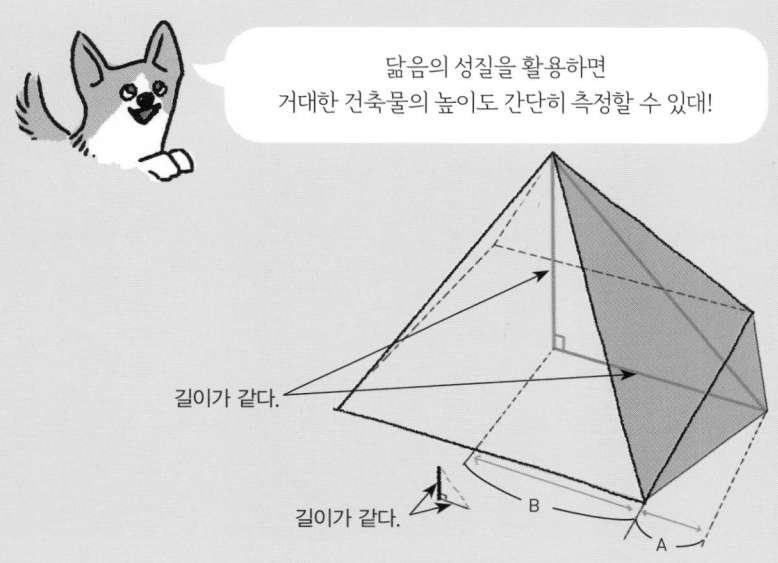

닮음의 성질을 활용하면
거대한 건축물의 높이도 간단히 측정할 수 있대!

길이가 같다.

길이가 같다.

B

A

4 닮음을 활용하면 바다에 뜬 배까지의 거리를 알 수 있다!

✦ 먼저 서로 닮은 삼각형을 만든다

탈레스는 바다에 떠 있는 배의 위치를 해안가에서 정확히 알아내는 방법도 고안했다. 오른쪽 그림을 보면서 육상의 관측지점 A에서 해상의 배 F까지의 거리를 알아보자.

먼저 관측지점 A와 배를 연결하는 선분 AF, 관측지점 B와 배를 연결하는 선분 BF를 긋는다. 다음으로 AF와 직각을 이루는 수선을 긋고 BF의 연장선과 수선의 교점을 C라고 한다. 그리고 관측지점 B에서 AC에 내린 수선의 발을 D라고 한다. 그러면 삼각형 AFC와 삼각형 DBC가 생긴다.

✦ 닮음의 성질을 이용하여 거리를 구한다

삼각형 AFC와 삼각형 DBC는 두 각의 크기가 같으므로 닮음이다 ($\angle FAC = \angle BDC$, $\angle FCA = \angle BCD$). 따라서

$$AF : DB = AC : DC$$

의 관계가 성립한다. DB, AC, DC의 길이는 각각 육지에서 직접 측정할 수 있다. 세 변의 길이를 측정한 결과를 이용해 배까지의 거리 AF를 구할 수 있다.

배까지의 거리는?

닮음 관계인 삼각형을 그리고, 측정 가능한 변의 길이를 잰 다음 길이의 비를 구하면 나머지 변, 즉 배까지의 거리를 구할 수 있다.

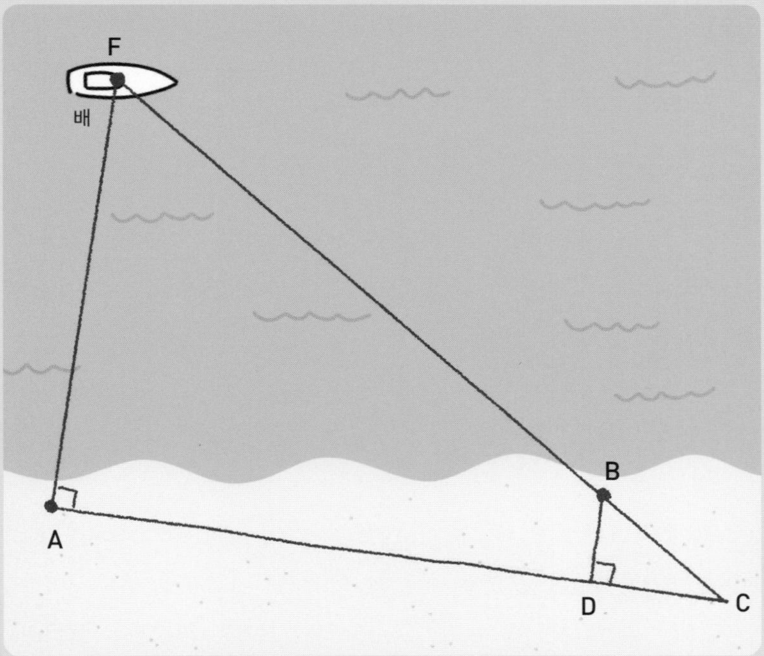

F
배
B
A
D
C

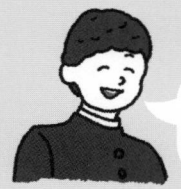

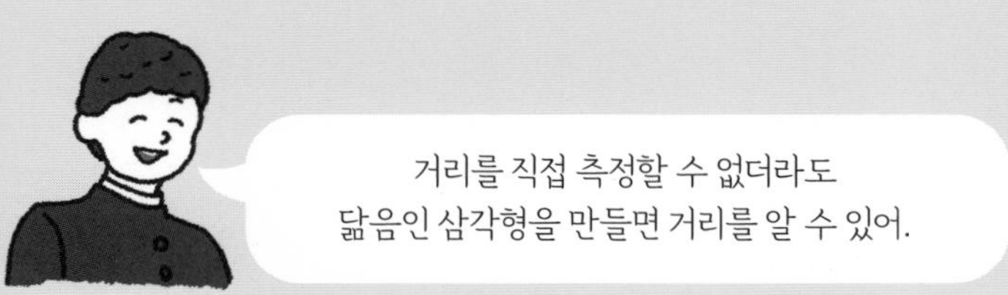

거리를 직접 측정할 수 없더라도
닮음인 삼각형을 만들면 거리를 알 수 있어.

모아이인상의 높이는? ①

Q1
탈레스가 사용한 방법으로 모아이인상의 높이를 계산해보자!

경태는 모아이인상으로 유명한 이스터섬에 수학여행을 왔다. 즐겁게 관광을 하던 경태에게 모아이인상의 높이를 맞혀야 점심을 주겠다고 여행 안내자가 말했다.

경태는 1m 길이의 막대를 수직으로 세우고 막대 그림자의 길이가 1m가 되었을 때 모아이인상의 그림자의 길이를 쟀다.

그랬더니 모아이인상의 그림자는 모아이인상의 끄트머리에서 5m 지점까지 뻗어 있었다. 모아이인상의 중심(모아이인상 꼭대기에서 수직으로 내려온 지점)부터 끄트머리까지의 길이는 2m였다. 모아이인상의 높이는 몇 미터일까?

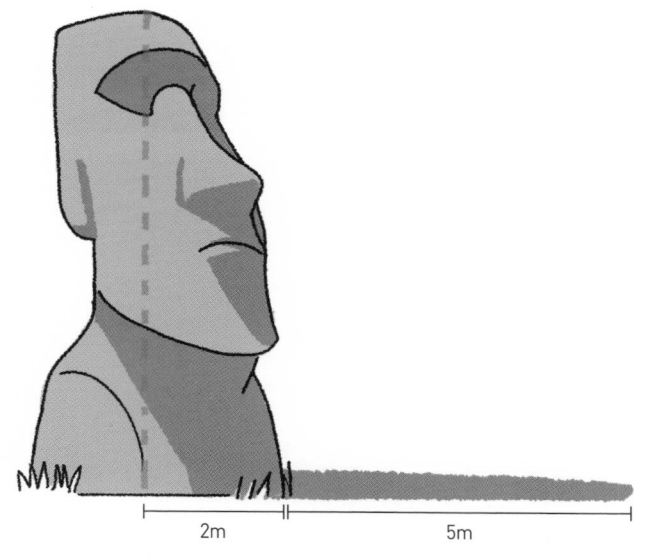

2m

5m

?

경태

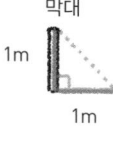

막대

1m

1m

그림자의 길이를 재면
모아이인상의 높이를 알 수 있다

A1

모아이인상의 높이는 7m이다.

막대와 막대 그림자 길이는 같았다. 그러므로 막대와 막대 그림자가 만드는 삼각형은 두 변의 길이가 같은 '직각이등변삼각형'이다.

막대와 막대 그림자로 생기는 삼각형은 모아이인상과 모아이인상의 그림자로 생기는 삼각형과 항상 닮음이다. 즉, 모아이인상과 모아이인상의 그림자에서 생긴 삼각형도 직각이등변삼각형이다. 따라서 모아이인상의 높이는 모아이인상의 중심부터 그림자 끝까지의 길이와 같다.

모아이인상의 중심에서 끄트머리까지의 길이는 2m다. 모아이인상의 끄트머리에서 그림자 끝까지는 5m다. 그러므로 모아이인상의 높이는 이 둘을 더한 7m다.

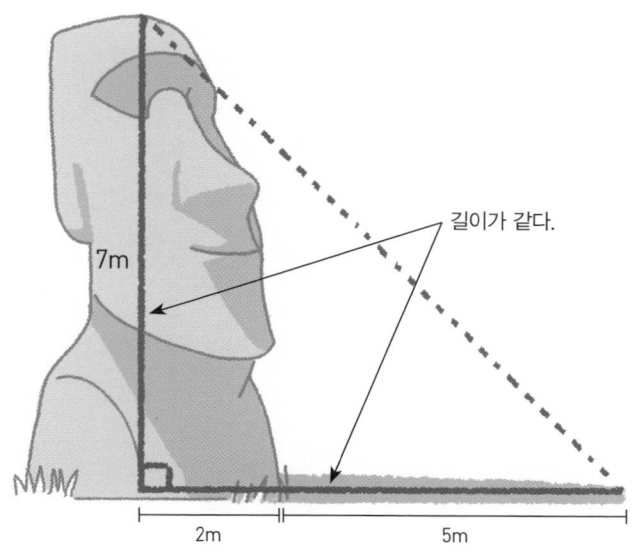

길이가 같다.

7m

2m　　5m

길이가 같다.

삼각형 교통 표지판의 수수께끼

우리 주변에는 삼각형이 매우 흔하다. 일본을 여행하다 보면 삼각형 형태의 '일시정지' 교통 표지판이 자주 눈에 띈다. **일본에서는 삼각형 모양이지만 국제 표준 디자인은 팔각형이다.** 1968년 국제연합에서 '일시정지' 표지는 팔각형 또는 원 안에 역삼각형을 그린 것으로 한다는 조약이 채택되었기 때문이다(도로교통에 관한 비엔나협약).

일본에서는 1963년까지 일시정지 표지가 팔각형이었다. 그런데 왜 역삼각형으로 바꾸었을까? '눈에 잘 들어온다'는 이유로 독일(당시는 서독)의 교통 표지를 참고했기 때문이다. 독일은 1938년부터 역삼각형을 일시정지 표지로 썼지만, 도로교통에 관한 비엔나협약에 따라 1971년부터 팔각형으로 변경했다. 그러나 일본은 비엔나협약에 가입하지 않았기 때문에 여전히 역삼각형 형태다.

우리나라의 교통 표지판에서도 삼각형 형태를 자주 볼 수 있다. 횡단보도나 어린이 보호구역 표지판은 삼각형이고, 천천히 · 양보 등의 표지판은 역삼각형이다.

일본의 일시정지 표지판
(역삼각형 안에 '정지'라고 쓰여 있다)

비엔나협약에서 정한 일시정지 표지

제2장
삼각함수의 기본

삼각함수가 탄생한 이유는 무엇일까?
사인, 코사인, 탄젠트란 대체 무엇일까?
제2장에서는 삼각함수가 생겨난 이유와
삼각함수의 기본을 알기 쉽게 소개한다.

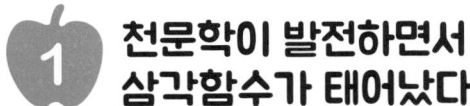

천문학이 발전하면서 삼각함수가 태어났다

✦ 고대 그리스에서 시작된 삼각함수

여러 문헌을 보면 삼각함수의 바탕이 되는 아이디어는 고대 그리스에서 탄생했다고 여겨진다. 일상생활이나 농경을 위해서는 제1장에서 보았던 토지측량뿐 아니라 정확한 달력 제작이 필요했다. 달력을 만들려면 천구상에서 별이 정확히 어디에 위치하는지 기록해야 한다. 천구란 지구의 관측자를 중심으로 모든 천체가 투영되어 있다고 가정하는 가상의 구면이다.

그리하여 천문학이 발전했다. **천문학에서는 별의 방위, 별을 올려다보는 각도, '별을 올려다보는 각도가 만들어내는 현(원주상의 두 점을 연결한 선분)'의 길이가 중요하다**(오른쪽 그림).

✦ 각도와 현의 관계가 삼각함수로 이어진다

변수가 두 개 있을 때, 한 변수의 값이 하나로 정해지면 다른 한 변수의 값도 그에 따라 하나로 정해지는 대응 관계를 '함수'라고 한다. **'별을 올려다보는 각도'가 하나로 정해지면 '현'의 길이도 하나로 정해지므로 각도와 현의 길이의 대응 관계도 함수라고 할 수 있다.** 이 개념이 삼각함수로 이어진다.

삼각함수와 천문학

원의 중심각에서 생기는 원주상의 두 점을 연결한 선분을 현이라고 한다. 천체를 관측하려면 각과 현의 관계를 알아야 한다.

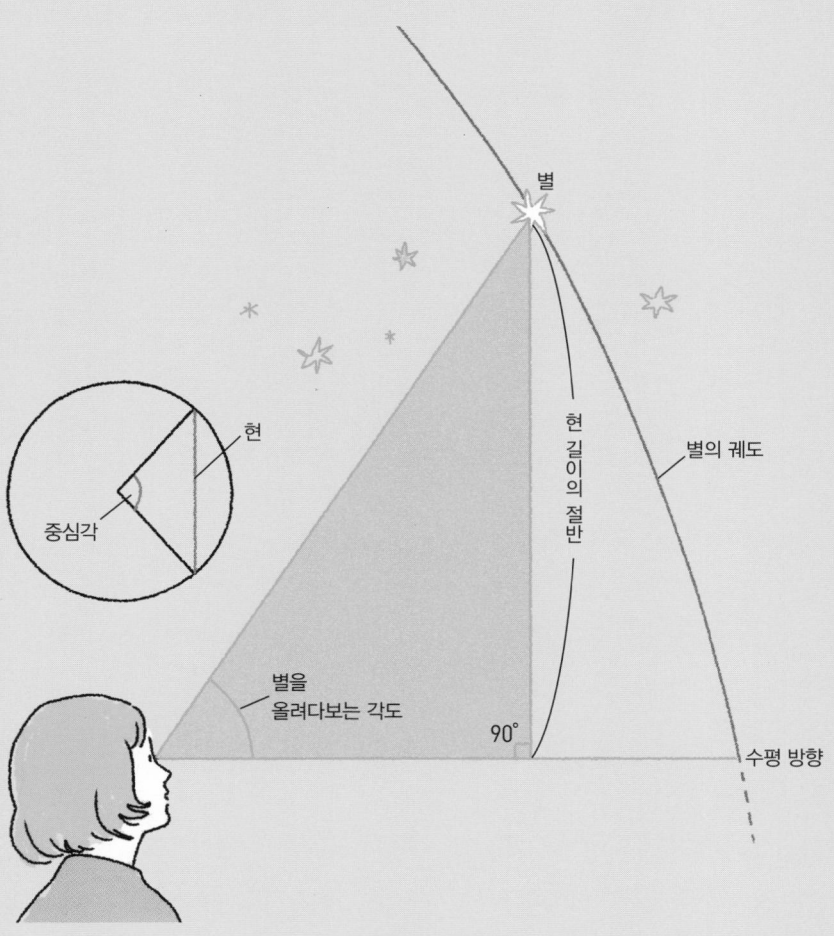

별

현 길이의 절반

별의 궤도

현

중심각

별을
올려다보는 각도

90°

수평 방향

2 '사인'이란 무엇일까?

✤ 사인은 빗변과 높이의 비

그럼 이제 본격적으로 삼각함수의 '사인', '코사인', '탄젠트'에 대해 알아보자. 먼저 사인을 알아보자.

오른쪽에 세 각의 크기가 30°, 60°, 90°인 직각삼각형이 있다. 이때 직각인 90°와 마주 보는 변 AB를 '빗변'이라고 한다. 30°인 각 B(∠B)와 마주 보는 변 AC를 '높이', 각 B와 이웃하는 나머지 변 BC를 '밑변'이라고 한다. **빗변에 대한 높이의 비의 값($\frac{높이}{빗변}$)을 '사인(sine)'이라고 하며 'sin'으로 표기한다.**

✤ 사인 30°를 구해보자

이제 ∠B(30°)의 사인 값을 구해보자. 직각삼각형 ABC와 합동인 삼각형을 뒤집어서 아래쪽에 붙인다. 그러면 삼각형 ABD가 생긴다. 30°를 이루던 ∠B는 두 배인 60°가 되고 ∠D와 ∠A는 똑같이 60°다. 즉, △ABD는 정삼각형이다. 그러므로 빗변 AB가 1m라면 변 AD도 1m다. 따라서 높이 AC는 변 AD의 절반인 $\frac{1}{2}$m임을 알 수 있다. **세 각이 30°, 60°, 90°인 직각삼각형이라면 30°와 마주 보는 변의 길이는 반드시 빗변 길이의 절반이 된다.** 즉, $\sin 30°(\frac{높이}{빗변})$의 값은 $\frac{1}{2}$이다.

sin 30°일 때

크기가 주어지지 않은 한 각의 크기를 θ 라고 했을 때, 사인 값은 '**sin θ**'라고 쓴다. 'θ'는 그리스 문자로 '세타'라고 읽으며 각도를 나타낸다. 그림은 θ가 30° 일 때의 예시다.

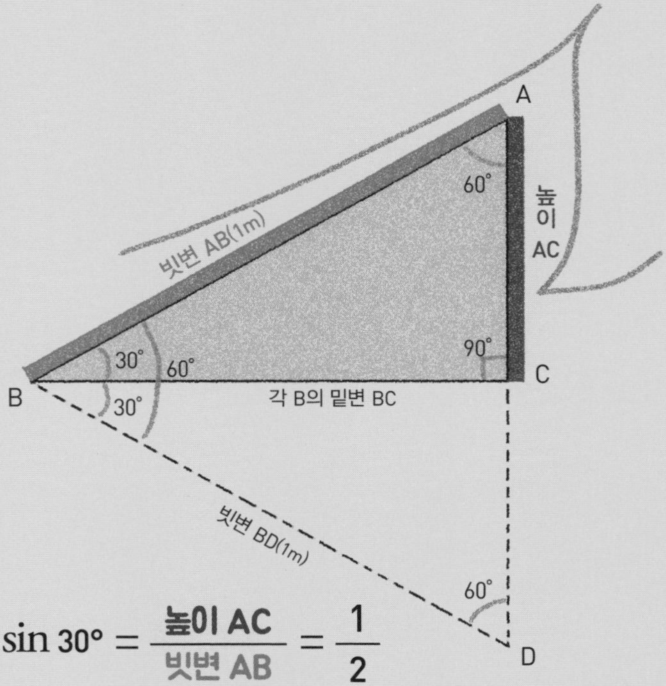

A

60°

높이 AC

빗변 AB(1m)

30° 60°

90° C

30°

각 B의 밑변 BC

B

빗변 BD(1m)

60°

D

$$\sin 30° = \frac{\text{높이 AC}}{\text{빗변 AB}} = \frac{1}{2}$$

∠B를 왼쪽 아래에 놓으면 빗변과 높이를 알파벳 필기체 's($\mathcal{s}$)' 형태로 묶을 수 있어. 이 형태에서 연상하여 s로 시작되는 sin(사인)은 $\frac{\text{높이}}{\text{빗변}}$ 라고 외우자.

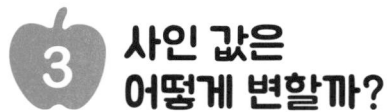

3 사인 값은 어떻게 변할까?

❖ 사인 45°를 구해보자

이번에는 $\sin 45°$를 구해보자. 직각삼각형에서는 $(높이)^2+(밑변)^2$ $=(빗변)^2$이 반드시 성립한다는 '피타고라스의 정리'를 이용한다. 세 각의 크기가 45°, 45°, 90°인 삼각형을 생각해보자(오른쪽 그림의 ②). 이 삼각형은 직각이등변삼각형이므로 높이와 밑변의 길이가 같다. 빗변의 길이가 1m일 때 피타고라스 정리에 따르면 $(높이)^2+(밑변)^2=1^2$이다. 여기서 $2\times(높이)^2=1$이 되므로 높이 $=\sqrt{\dfrac{1}{2}}=\dfrac{\sqrt{2}}{2}$ m다. **그러므로 $\sin 45°$의 값은** $\dfrac{높이}{빗변}=\dfrac{\sqrt{2}}{2}\fallingdotseq 0.71$**이다.**

❖ 사인 60°를 구해보자

다음으로 세 각의 크기가 30°, 60°, 90°인 직각삼각형에서 60°를 기준각으로 한다(오른쪽 그림의 ③). 기준각이 30°일 때와는 높이와 밑변이 반대가 되므로 빗변의 길이가 1m일 때, 밑변의 길이는 $\dfrac{1}{2}$ m다(30쪽). 피타고라스의 정리에 따라 $(\dfrac{1}{2})^2+(높이)^2=1^2$이 성립하므로 높이는 $\dfrac{\sqrt{3}}{2}$ m라는 것을 알 수 있다. 즉, $\sin 60°$의 값은 $\dfrac{\sqrt{3}}{2}\fallingdotseq 0.87$이다. **각의 크기가 0°에서 90°로 커지면 사인 값은 0에서 1로 커진다.**

사인 값의 변화를 살펴보자!

직각삼각형의 빗변 **AB**의 길이를 1로 고정하면 사인 값은 높이 **AC**와 같다. 각이 90°에 가까워질수록 사인 값은 1에 가까워진다. 반대로 각이 0°에 가까워지면 사인 값은 0에 가까워진다.

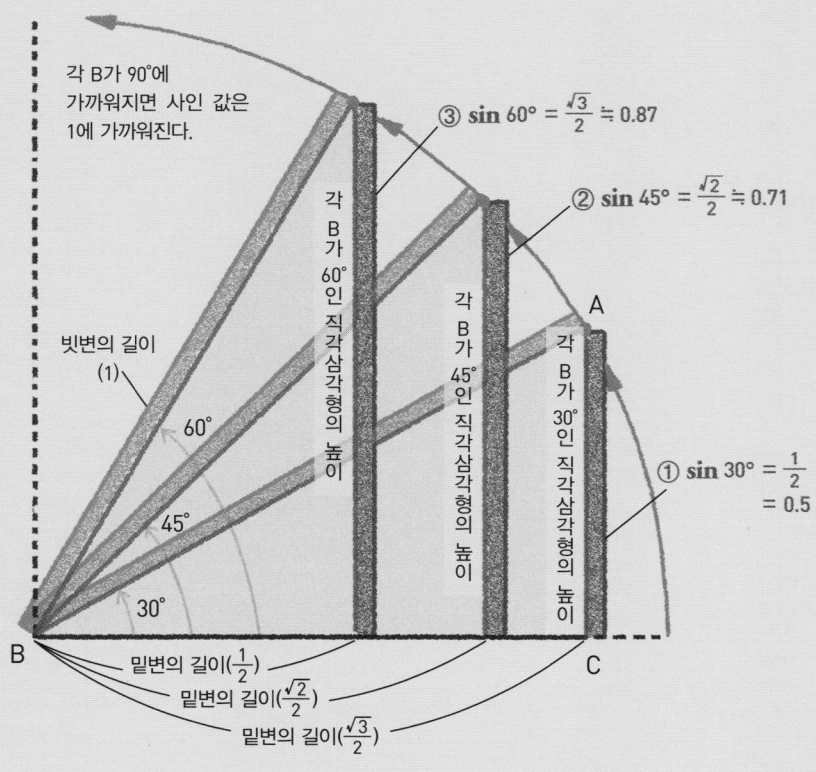

각 B가 90°에 가까워지면 사인 값은 1에 가까워진다.

③ $\sin 60° = \dfrac{\sqrt{3}}{2} \fallingdotseq 0.87$

② $\sin 45° = \dfrac{\sqrt{2}}{2} \fallingdotseq 0.71$

빗변의 길이 (1)

각 B가 60°인 직각삼각형의 높이

각 B가 45°인 직각삼각형의 높이

A

각 B가 30°인 직각삼각형의 높이

60°

45°

30°

① $\sin 30° = \dfrac{1}{2} = 0.5$

B

밑변의 길이($\dfrac{1}{2}$)

밑변의 길이($\dfrac{\sqrt{2}}{2}$)

밑변의 길이($\dfrac{\sqrt{3}}{2}$)

C

태희와 이야기하려면?

Q2 사인을 활용하여 실 전화의 길이를 계산해보자!

모아이인상을 본 다음 경태는 섬의 해안에서 놀기로 했다. 한편, 같은 반 친구인 태희는 언덕에 하이킹하러 간다고 한다. 휴대전화가 없는 두 사람은 서로 연락하기 위해 실을 이용해 전화를 만들기로 했다.

해안가에서 언덕 정상을 올려다보니 각도는 35°였다. 정상의 해발고도는 500m다.

태희가 정상에 도달했을 때, 실 전화의 실을 팽팽하게 당겨서 해안에 있는 경태와 연락을 취하려면 몇 미터의 실로 실 전화를 만들어야 할까? $\sin 35° = 0.57$이라고 하자.

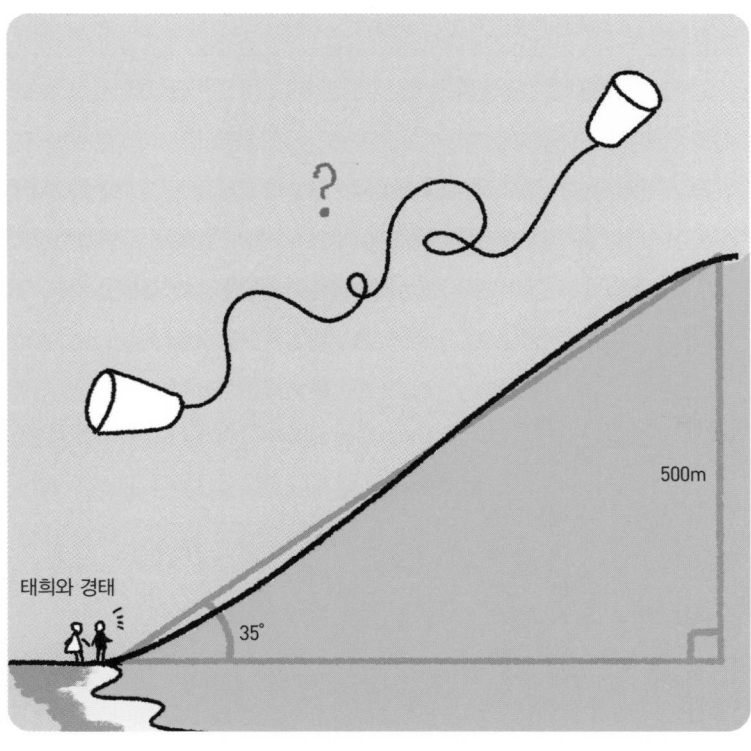

태희와 경태

35°

500m

사인을 이용하여 실의 길이를 계산할 수 있다

A2   실의 길이는 약 877m이다.

오른쪽과 같은 직각삼각형을 생각해보자. 35°를 기준각으로 하면 전화기 실의 길이는 빗변의 길이에, 정상의 해발고도는 높이에 해당한다. 그러므로 사인의 정의에 따라

$$\sin 35° = \frac{높이}{빗변} = \frac{정상의\ 해발고도}{실의\ 길이} \quad 가\ 성립한다.$$

이 식에 정상의 해발고도 = 500m, $\sin 35° = 0.57$을 대입한다. 그러면

$$0.57 = \frac{500}{실의\ 길이} \quad 이므로,$$

$$실의\ 길이 = \frac{500}{0.57} ≒ 877m다.$$

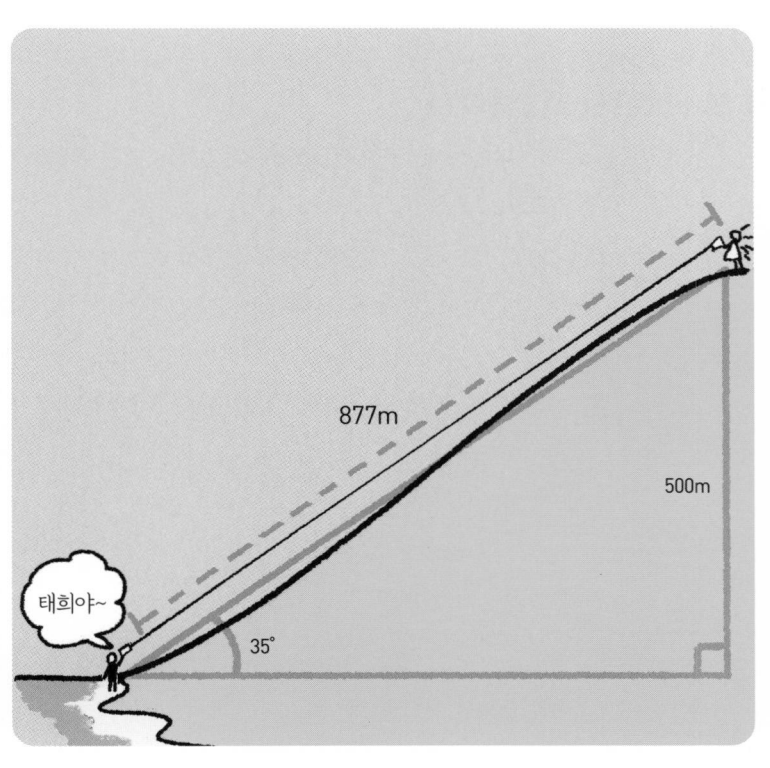

4 '코사인'이란 무엇일까?

◆ 코사인은 빗변과 밑변의 비

$\dfrac{높이}{빗변}$ 를 사인이라고 부르듯이 $\dfrac{밑변}{빗변}$ 에도 이름이 있다. 이를 '코사인 (cosine)'이라고 하며 'cos'로 표기한다.

코사인은 어떤 값을 가질까? 기준각이 30°일 때를 보자. 세 각의 크기가 30°, 60°, 90°인 직각삼각형에서 30°를 기준으로 하면 빗변의 길이가 1m일 때, 높이는 $\dfrac{1}{2}$m다. $(높이)^2 + (밑변)^2 = (빗변)^2$이라는 피타고라스의 정리에 따라 $(\dfrac{1}{2})^2 + (밑변)^2 = 1^2$이 성립하므로 계산하면 밑변의 길이는 $\dfrac{\sqrt{3}}{2}$m다.

◆ cos30°를 구해보자

코사인은 직각삼각형의 한 각에서 빗변에 대한 밑변의 비($\dfrac{밑변}{빗변}$)이다. **따라서 30°의 코사인 값인 cos 30°는** $(\dfrac{\sqrt{3}}{2}) \div 1 = \dfrac{\sqrt{3}}{2} \fallingdotseq 0.87$이다.

어느 한 각을 θ라 했을 때, 코사인 값은 '$\cos\theta$'라고 쓴다. 그림은 θ가 30°일 때의 예시다.

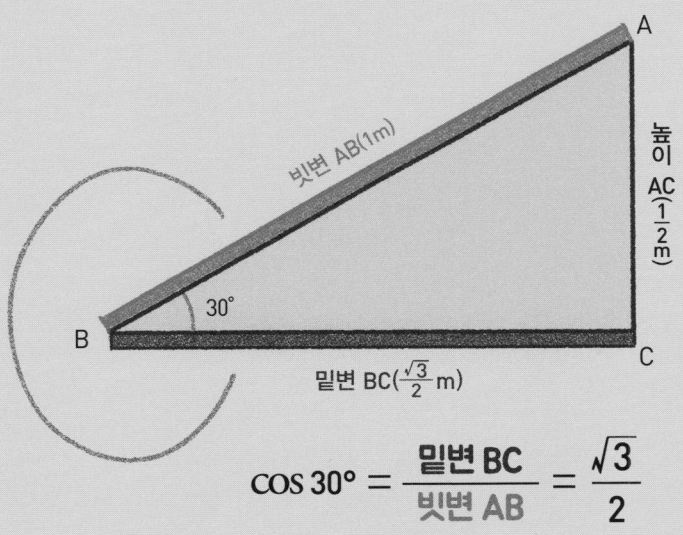

빗변 AB(1m)

높이 AC($\frac{1}{2}$m)

30°

밑변 BC($\frac{\sqrt{3}}{2}$m)

$$\cos 30° = \frac{\text{밑변 BC}}{\text{빗변 AB}} = \frac{\sqrt{3}}{2}$$

∠B를 왼쪽 아래에 놓으면 빗변과 밑변을 알파벳 'c' 형태로 묶을 수 있어. 그러니 c로 시작되는 cos(코사인)은 $\frac{\text{밑변}}{\text{빗변}}$ 이라고 외우자.

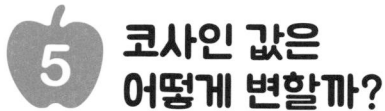

코사인 값은 어떻게 변할까?

✤ cos45°를 구해보자

이번에는 $\cos 45°$의 값을 구해보자(오른쪽 그림의 ②). 세 각의 크기가 $45°$, $45°$, $90°$인 직각삼각형에서 $45°$를 기준각으로 했을 때 빗변의 길이가 1m라면 밑변의 길이와 높이는 각각 $\frac{\sqrt{2}}{2}$m다(32쪽). **따라서 $\cos 45°$는 $\dfrac{밑변}{빗변} = \dfrac{\sqrt{2}}{2} ≒ 0.71$이다.** 약 0.87인 $\cos 30°$의 값에 비해 작아졌다.

✤ cos60°를 구해보자

다음으로 세 각의 크기가 $30°$, $60°$, $90°$인 직각삼각형에서 $60°$를 기준각으로 한다(오른쪽 그림의 ③). 빗변의 길이가 1m라고 하면 기준각이 $30°$일 때와는 높이와 밑변이 반대가 되므로 높이는 $\frac{\sqrt{3}}{2}$m, 밑변의 길이는 $\frac{1}{2}$m다. **따라서 $\cos 60°$는 $\dfrac{1}{2} = 0.5$가 된다.** $\cos 45° ≒ 0.71$보다 더 작아졌다.

각도가 커지면 코사인 값은 점점 작아진다. $90°$에 가까워질수록 0에 가까워진다. 반대로 각도가 작아지면 밑변의 길이는 1에 가까워진다. **다시 말해 각이 $0°$에서 $90°$로 커질수록 코사인 값은 1에서 0으로 작아진다.**

각도와 반대로 변한다

직각삼각형의 빗변 AB의 길이를 1로 고정하면 코사인 값은 밑변 BC의 길이와 같아진다. ∠B가 커지면 코사인 값은 작아지므로 90°에 가까워질수록 코사인 값은 0에 가까워진다.

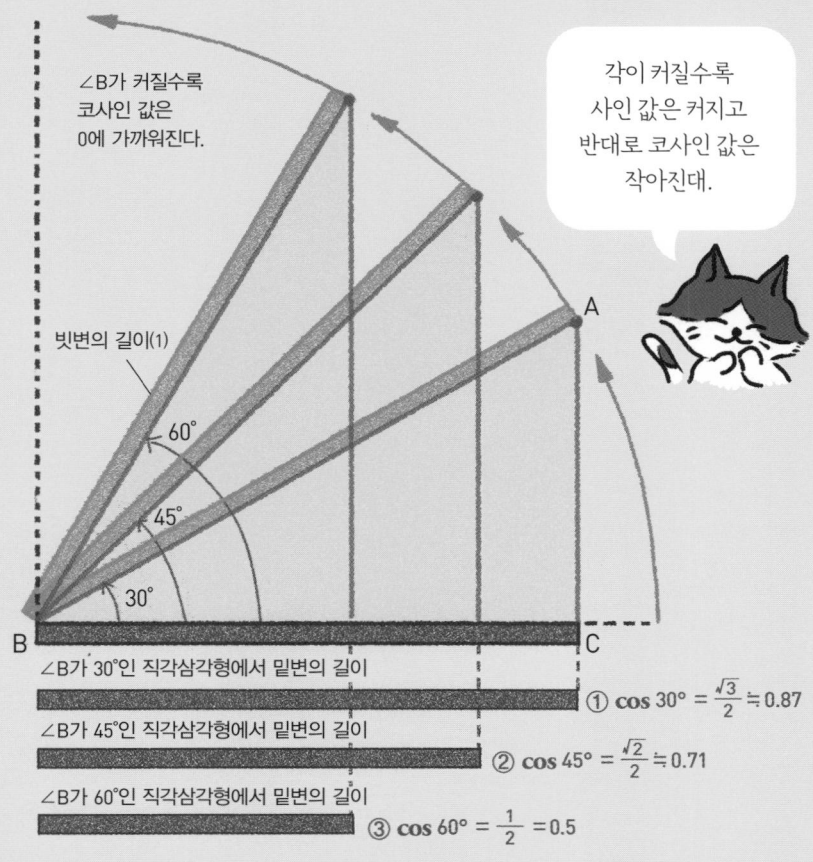

∠B가 커질수록 코사인 값은 0에 가까워진다.

각이 커질수록 사인 값은 커지고 반대로 코사인 값은 작아진대.

빗변의 길이(1)

60°

45°

30°

B

C

∠B가 30°인 직각삼각형에서 밑변의 길이

① $\cos 30° = \dfrac{\sqrt{3}}{2} = 0.87$

∠B가 45°인 직각삼각형에서 밑변의 길이

② $\cos 45° = \dfrac{\sqrt{2}}{2} = 0.71$

∠B가 60°인 직각삼각형에서 밑변의 길이

③ $\cos 60° = \dfrac{1}{2} = 0.5$

Q3

코사인을 이용하여 미끄럼틀을 설계해보자!

수학여행 중인 경태. 경태의 아버지는 시청에서 근무하며 시의 공원 관리를 담당한다. 이번에 새로 만드는 미끄럼틀의 설계를 맡게 되었다.

미끄럼틀의 크기를 정하기 위해 조사해보니, 공원의 넓이 관계로 새로 만들 미끄럼틀은 미끄럼 타는 부분의 수평거리를 3m로 해야 한다는 사실을 알았다(그림). 미끄러지는 부분의 경사각은 30°로 정해져 있다.

미끄러지는 부분의 길이는 몇 미터로 설계해야 할까?
$\cos 30° = 0.87$이라고 하자.

수평거리 : 3m

경태의 아버지

코사인으로 미끄러지는 길이를 알 수 있다

A3   미끄러지는 길이는 약 3.4m이다.

오른쪽과 같은 직각삼각형을 생각해보자. 각도 30°를 기준으로 보면 미끄러지는 부분의 길이는 빗변의 길이에, 수평거리는 밑변의 길이에 해당한다. 코사인의 정의에 따라

$$\cos 30° = \frac{밑변}{빗변} = \frac{수평거리}{미끄러지는 \; 부분의 \; 길이} \; 가 \; 성립한다.$$

이 식에 수평거리=3m, $\cos 30° = 0.87$을 대입한다. 그러면

$$0.87 = \frac{3}{미끄러지는 \; 부분의 \; 길이} \; 이므로,$$

미끄러지는 부분의 길이 = 3÷0.87 ≒ 3.4m다.

3.4m

30°

수평거리 : 3m

6 '탄젠트'란 무엇일까?

🍎 탄젠트는 높이와 밑변의 비

$\frac{높이}{빗변}$ 를 사인, $\frac{밑변}{빗변}$ 을 코사인이라고 부르듯이 $\frac{높이}{밑변}$ 에도 이름이 있다. 이를 '탄젠트(tangent)'라고 하며 'tan'으로 표기한다.

탄젠트는 어떤 값을 가질까? 기준각을 30°로 했을 때를 보자. 세 각이 30°, 60°, 90°인 직각삼각형에서 30°를 기준으로 하면 빗변의 길이가 1m일 때 높이는 $\frac{1}{2}$m, 밑변의 길이는 $\frac{\sqrt{3}}{2}$m다(38쪽).

🍎 tan 30°를 구해보자

탄젠트란 직각삼각형의 한 각에서 밑변에 대한 높이의 비($\frac{높이}{밑변}$)이다. 따라서 30°의 탄젠트 값(tan 30°)은 $(\frac{1}{2}) \div (\frac{\sqrt{3}}{2}) = \frac{1}{\sqrt{3}} \fallingdotseq 0.58$이다.

어느 한 각을 θ라 했을 때 탄젠트 값은 '$\tan\theta$'라고 쓴다. 그림은 θ가 30°일 때의 예시다.

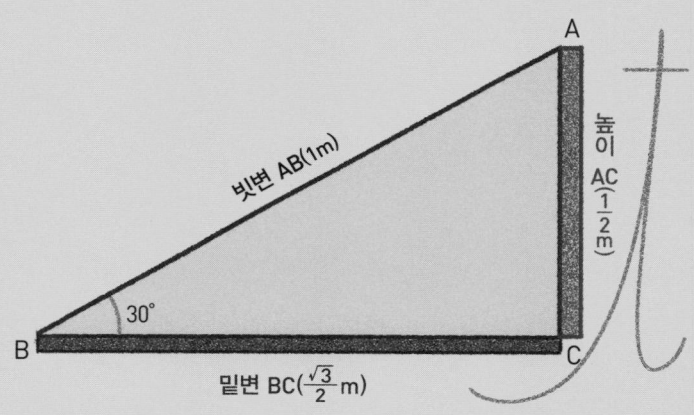

A

빗변 AB(1m)

높이 AC($\frac{1}{2}$m)

30°

B

C

밑변 BC($\frac{\sqrt{3}}{2}$m)

$$\tan 30° = \frac{\text{높이 AC}}{\text{밑변 BC}} = \frac{1}{\sqrt{3}}$$

밑변과 높이는 알파벳 필기체 't(𝓉)'의 형태로
묶이니까 t로 시작되는 tan(탄젠트)는
$\frac{\text{높이}}{\text{밑변}}$ 라고 외우자.

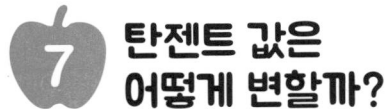

탄젠트 값은 어떻게 변할까?

❖ tan 45°

이번에는 tan45°를 알아보자.

세 각의 크기가 45°, 45°, 90°인 직각삼각형에서 45°를 기준각으로 했을 때, 빗변의 길이를 1m라고 하면 높이와 밑변의 길이는 모두 $\frac{\sqrt{2}}{2}$m가 된다(32쪽).

따라서 tan 45°는 $\frac{높이}{밑변} = (\frac{\sqrt{2}}{2}) \div (\frac{\sqrt{2}}{2}) = 1$이다. 약 0.58인 tan 30°의 값에 비해 커졌다.

❖ tan 60°

다음으로 세 각이 30°, 60°, 90°인 직각삼각형에서 60°를 기준각으로 한다. 빗변의 길이가 1m일 때 높이는 $\frac{\sqrt{3}}{2}$m, 밑변의 길이는 $\frac{1}{2}$m다(40쪽). **그러므로 tan 60°는 $\frac{높이}{밑변} = (\frac{\sqrt{3}}{2}) \div (\frac{1}{2}) = \sqrt{3} \fallingdotseq 1.73$이다.** tan 45°=1보다 커졌다.

각이 커질수록 탄젠트 값은 커진다. 90°에 가까워질수록 탄젠트 값은 끝없이 커진다. 반대로 각이 작아지면 탄젠트 값은 0에 가까워진다. **다시 말해 각이 0°에서 90°로 커지면 탄젠트 값은 0에서 ∞(무한대)로 커진다.**

직각삼각형의 빗변 AB의 길이를 1로 고정했을 때, ∠B가 커지면 탄젠트 값이 커지므로 각이 90°에 가까워질수록 탄젠트 값은 무한대(∞)에 가까워진다.

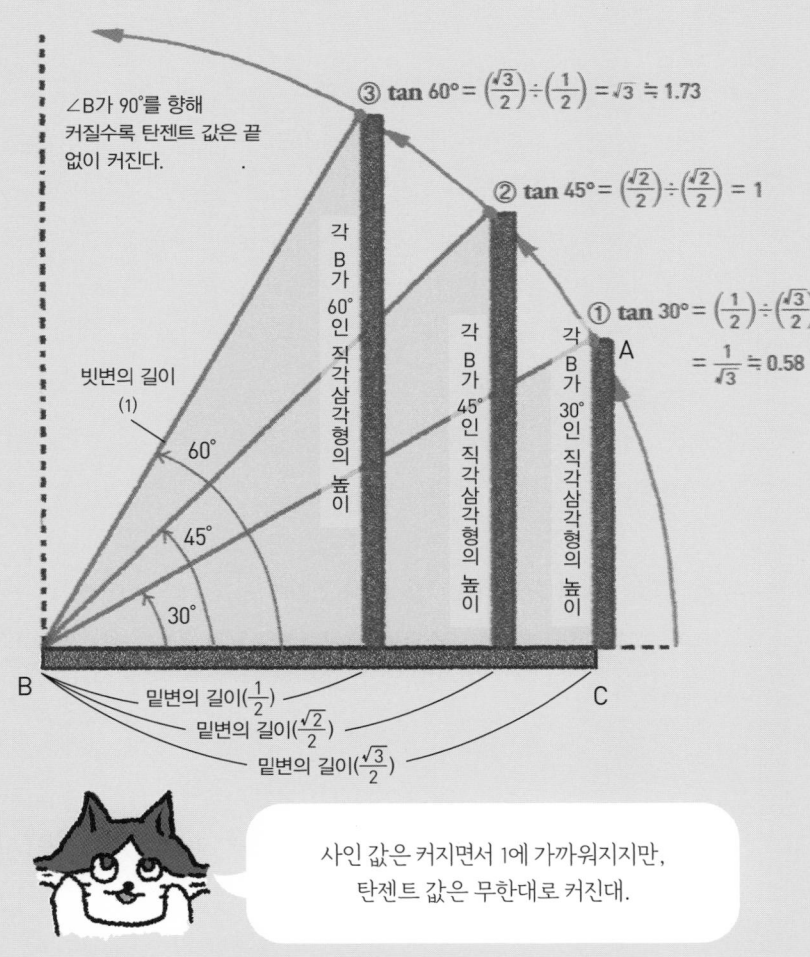

∠B가 90°를 향해 커질수록 탄젠트 값은 끝없이 커진다.

③ $\tan 60° = \left(\dfrac{\sqrt{3}}{2}\right) \div \left(\dfrac{1}{2}\right) = \sqrt{3} \fallingdotseq 1.73$

② $\tan 45° = \left(\dfrac{\sqrt{2}}{2}\right) \div \left(\dfrac{\sqrt{2}}{2}\right) = 1$

① $\tan 30° = \left(\dfrac{1}{2}\right) \div \left(\dfrac{\sqrt{3}}{2}\right)$
$= \dfrac{1}{\sqrt{3}} \fallingdotseq 0.58$

빗변의 길이 (1)

60°

45°

30°

각 B가 60°인 직각삼각형의 높이

각 B가 45°인 직각삼각형의 높이

각 B가 30°인 직각삼각형의 높이

B

C

A

밑변의 길이($\dfrac{1}{2}$)

밑변의 길이($\dfrac{\sqrt{2}}{2}$)

밑변의 길이($\dfrac{\sqrt{3}}{2}$)

사인 값은 커지면서 1에 가까워지지만, 탄젠트 값은 무한대로 커진대.

모아이인상의 높이는? ②

Q4 탄젠트를 활용하여 모아이인상의 높이를 구해보자!

경태가 모아이인상의 높이를 맞히자 여행 안내자는 다른 모아이 인상의 높이를 맞혀야 돌아가는 비행기에 태워주겠다고 말했다. 게 다가 이번에는 막대를 쓰면 안 된다고 조건을 달았다.

경태는 오른쪽 그림과 같이 모아이인상의 중심으로부터 5m 떨 어진 곳에 서서 모아이인상의 꼭대기를 올려다보았다. 올려다본 각 도는 40°였다.

경태의 눈높이는 지면에서 1.5m 높이에 있다. 모아이인상의 높 이를 몇 미터라고 답해야 경태는 무사히 돌아갈 수 있을까?

$\tan 40° = 0.84$라고 하자.

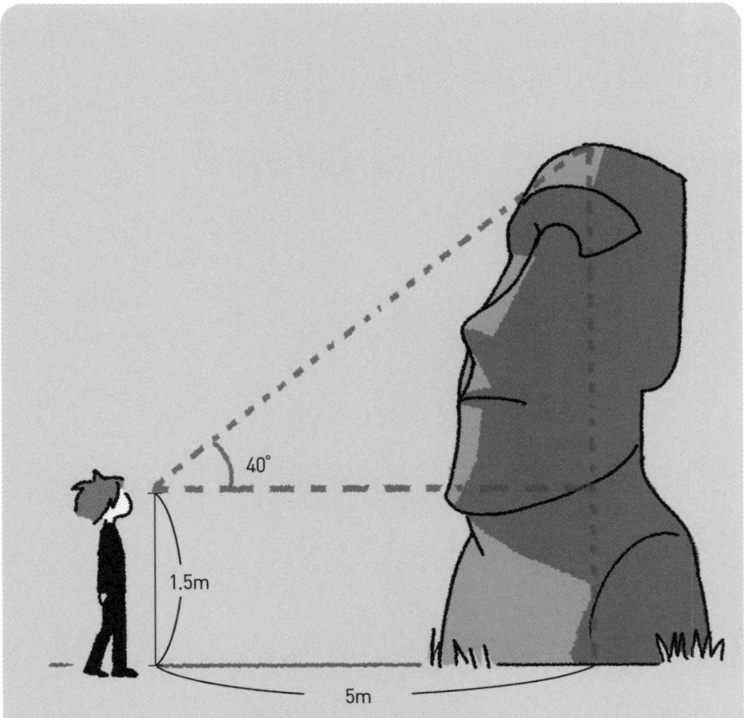
40°
1.5m
5m

탄젠트로 모아이인상의 높이를 알 수 있다

A4 모아이인상의 높이는 5.7m이다.

오른쪽 그림과 같은 직각삼각형을 생각해보자. $40°$를 기준각으로 삼으면 모아이인상과 경태의 거리는 삼각형의 밑변에, 경태의 눈높이와 모아이인상의 높이의 차는 삼각형의 높이에 해당한다. 따라서,

$$\tan 40° = \frac{높이}{밑변} = \frac{높이의 차}{모아이인상과의 거리}$$

가 성립한다.

이 식에 모아이인상과의 거리=5m, $\tan 40°=0.84$를 대입하면,

$0.84 = \dfrac{높이의 차}{5}$ 이므로,

높이의 차 $= 0.84 \times 5 = 4.2$m다.

여기에 경태의 눈높이를 더하면

$4.2 + 1.5 = 5.7$m이고,

이 길이가 바로 모아이인상의 높이다.

높이의 차
4.2m

40°

1.5m

5m

사인, 코사인, 탄젠트의 명칭은
무엇에서 유래했을까?

원의 중심각과 현의 개념에서 삼각함수의 아이디어가 태어났다. 고대 그리스에서는 현을 '정현'이라고 불렀다. **현의 개념은 5세기 무렵 인도에 전해졌고 인도에서는 현보다 쓰기 편한 '반현(ardhajiva)'을 사용했다.** ardhajiva를 줄여서 jiva라 했는데 이후 아랍어로 발음이 비슷한 jayb(jaib)라고 번역되었다. jayb에는 만(灣)이라는 의미가 있어서 이윽고 라틴어로 만을 의미하는 sinus로 번역되었다. 여기서 영어의 'sine'이 유래되었다.

또, 60쪽에 보듯이 $\cos\theta = \sin(90° - \theta)$가 성립된다. $90° - \theta$를 여각이라고 한다. **즉, 코사인은 여각(complementary angle)의 사인이다.** 그래서 'cosine'이라 불리게 되었다.

그리고 탄젠트는 라틴어로 '접하다'를 뜻하는 tangere에서 이름을 따왔다.

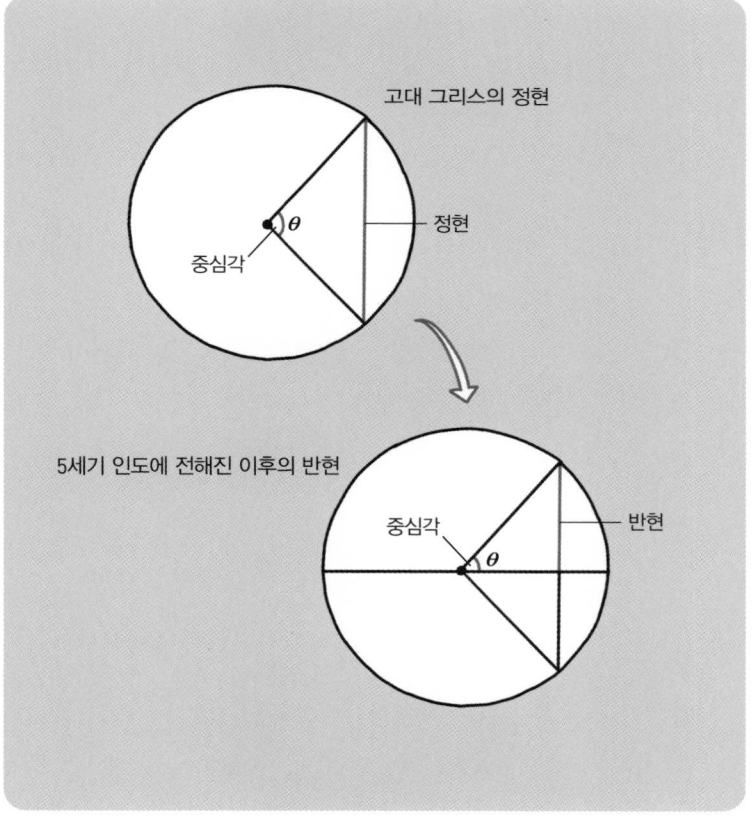

고대 그리스의 정현

정현

중심각

θ

5세기 인도에 전해진 이후의 반현

중심각

반현

θ

주먹밥의 모양

요즘 편의점에서 삼각형 모양의 주먹 김밥을 자주 볼 수 있다. 왜 삼각형일까?

주먹밥은 사실 원통 모양, 원반 모양, 공 모양 등 형태가 다양하다. 일설에 따르면 편의점에서 주먹밥을 팔면서부터 삼각형이 주류가 되었다고 한다. **삼각형 주먹밥은 빈틈없이 채워 넣어 운반할 수 있다는 장점이 있다.** 또, 같은 양의 밥이라도 둥근 모양보다 삼각 모양이 더 커 보인다고 한다.

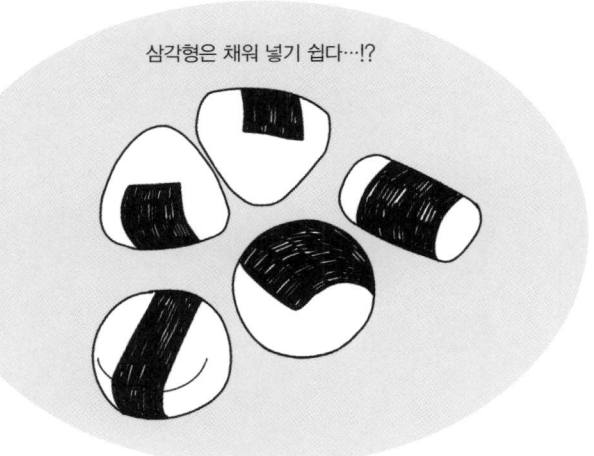

삼각형은 채워 넣기 쉽다…!?

그렇다면 처음 삼각형 주먹밥을 만든 이유는 무엇일까? 산의 형태를 모방했다는 설이 통설이다. 사람들은 오랜 옛날부터 산을 신성시했다. **산의 신에게서 힘을 부여받기 위해 산 모양, 곧 신의 형상을 본떠 밥을 지어 먹은 것이 시작이었다고 한다.** 일본 삼각형 주먹밥의 기원은 청동기를 사용하던 야요이 시대까지 거슬러 올라간다고 한다. 이시카와현 나카노토마치의 유적에서는 탄화된 삼각형 주먹밥이 출토되었다고 한다.

제3장
사인, 코사인, 탄젠트의 관계

삼각함수에는 다양한 공식이 있다. 얼핏 어려워 보이는 공식들이다.
그러나 그림을 이용하여 생각하면 명쾌하게 이해할 수 있다.
삼각함수의 관계를 터득하여 다양한 거리와 길이를 계산해보자!

1 사인과 코사인의 관계

✤ sin 60°와 cos 30°가 같다

사인, 코사인, 탄젠트 사이에는 깊은 관계가 있다. 이 관계를 이해하면 셋 중 어느 하나의 값을 모르더라도 다른 삼각함수를 이용해 구할 수 있다. 먼저 사인과 코사인의 관계를 보도록 하자. 32쪽에서 보았듯이 60°의 사인 값($\sin 60°$)은 $\frac{\sqrt{3}}{2}$이다. 또한 38쪽에서 본 것처럼 30°의 코사인 값($\cos 30°$)도 $\frac{\sqrt{3}}{2}$이다. $\sin 60° = \cos 30°$가 되는 것은 우연일까?

✤ 사인과 코사인을 연결하는 중요 공식

직각삼각형의 내각의 합은 180°다. 직각은 90°이므로 나머지 두 각의 합은 항상 90°가 된다. **따라서 그림 ①a처럼 ∠C가 직각인 직각삼각형 ABC에서 ∠B를 θ라고 하면 ∠A는 90° - θ다.**

∠B를 기준으로 구한 사인과 코사인 값(①b)과 ∠A를 기준으로 구한 사인과 코사인 값(②b)을 비교해보자. 회색 배경의 식은 둘 다 $\frac{AC}{AB}$이고, 오렌지색 배경의 식은 둘 다 $\frac{BC}{AB}$다. 여기서 사인과 코사인 사이에 다음과 같은 관계가 성립한다는 사실을 알 수 있다.

$$\sin\theta = \cos(90° - \theta),\ \cos\theta = \sin(90° - \theta) \ \cdots \ \text{삼각함수의 중요 공식①}$$

직각삼각형 ABC에서 ∠B와 ∠A를 기준으로 각각 사인과 코사인 값을 구하면, 사인과 코사인 사이의 중요한 공식이 나온다.

①a

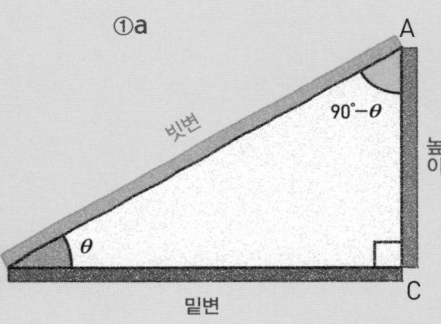

①b

$$\sin\theta = \frac{높이}{빗변} = \frac{AC}{AB}$$

$$\cos\theta = \frac{밑변}{빗변} = \frac{BC}{AB}$$

삼각함수의 중요 공식①

$$\sin\theta = \cos(90°-\theta)$$
$$\cos\theta = \sin(90°-\theta)$$

②a

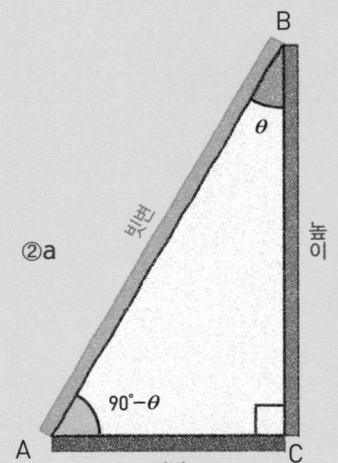

②b

$$\sin(90°-\theta) = \frac{높이}{빗변} = \frac{BC}{AB}$$

$$\cos(90°-\theta) = \frac{밑변}{빗변} = \frac{AC}{AB}$$

2 사인을 코사인으로 나누면 탄젠트가 된다

✦ 탄젠트와 사인 · 코사인의 관계

다음으로 탄젠트와 사인 · 코사인 값에는 어떤 관계가 있는지 알아보자. 오른쪽 그림처럼 $\angle C$가 직각인 직각삼각형 ABC에서 $\angle B$의 크기를 θ라고 하자.

사인과 코사인의 정의에 따라 $\sin\theta = \dfrac{AC}{AB}$, $\cos\theta = \dfrac{BC}{AB}$ 가 성립한다. 두 식의 양변에 AB를 곱해 분모를 지우면 $AB\sin\theta = AC$, $AB\cos\theta = BC$가 된다. **즉, 높이 AC는 $AB\sin\theta$, 밑변 BC는 $AB\cos\theta$로 나타낼 수 있다.**

✦ 탄젠트를 사인과 코사인으로 변환한다

여기서 탄젠트의 정의를 이용하면
$\tan\theta = \dfrac{\text{높이}}{\text{밑변}} = \dfrac{AB\sin\theta}{AB\cos\theta}$ 이다.
분모와 분자의 AB를 약분하면 다음과 같은 관계가 성립한다.
$\tan\theta = \dfrac{\sin\theta}{\cos\theta}$ **··· 삼각함수의 중요 공식②**

즉, 탄젠트란 사인을 코사인으로 나눈 것이라는 사실을 알 수 있다. 이 공식은 탄젠트를 사인과 코사인으로 바꿔서 나타내는 중요한 공식이다.

변을 삼각함수로 나타낸다

직각삼각형 ABC의 ∠B를 기준각으로 하면 밑변은 ABcosθ, 높이는 ABsinθ 라고 나타낼 수 있다. 탄젠트의 정의는 $\frac{높이}{밑변}$ 이므로,

$$\tan\theta = \frac{높이}{밑변} = \frac{AB\sin\theta}{AB\cos\theta} = \frac{\sin\theta}{\cos\theta}$$ 가 성립한다.

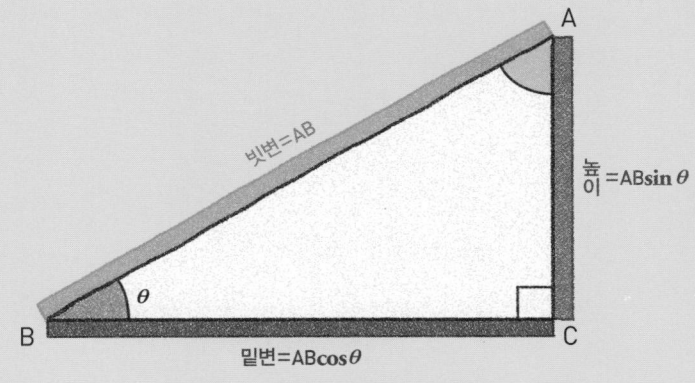

빗변=AB

높이 =ABsinθ

θ

밑변=ABcosθ

$$\tan\theta = \frac{높이}{밑변} = \frac{AB\sin\theta}{AB\cos\theta}$$

삼각함수의 중요 공식②

$$\tan\theta = \frac{\sin\theta}{\cos\theta}$$

사인, 코사인, 탄젠트 중 두 개를 알면
나머지 하나도 알 수 있어!

3 사인과 코사인을 이어주는 '피타고라스의 정리'란?

❖ 세 변의 길이가 3:4:5인 직각삼각형을 생각해보자

32쪽에 등장한 피타고라스의 정리는 사인과 코사인 관계에 중요한 역할을 한다. 다시 한번 확인해보자. 오른쪽 그림처럼 세 변의 길이가 3:4:5인 직각삼각형에서 각각의 변을 한 변으로 하는 정사각형을 만든다. 길이가 3인 변으로 만든 정사각형의 면적은 9다. 길이가 4인 변으로 만든 정사각형의 면적은 16이다. 그리고 길이가 5인 변으로 만든 정사각형의 면적은 25다.

이 면적들이 흥미로운 관계에 있다는 사실을 알아챘는가? **그렇다, 작은 정사각형 두 개의 면적을 더하면 가장 큰 정사각형의 면적이 된다.**

❖ 모든 직각삼각형에서 성립한다

이 관계는 세 변의 길이의 비가 3:4:5인 직각삼각형뿐 아니라, 어떠한 직각삼각형에서도 성립한다. **반대로 삼각형의 세 변으로 만든 정사각형 세 개 중 크기가 작은 두 정사각형의 면적을 더하면 가장 큰 정사각형의 면적이 됐을 때, 그 삼각형은 반드시 직각삼각형이 된다.** 이것이 피타고라스의 정리다.

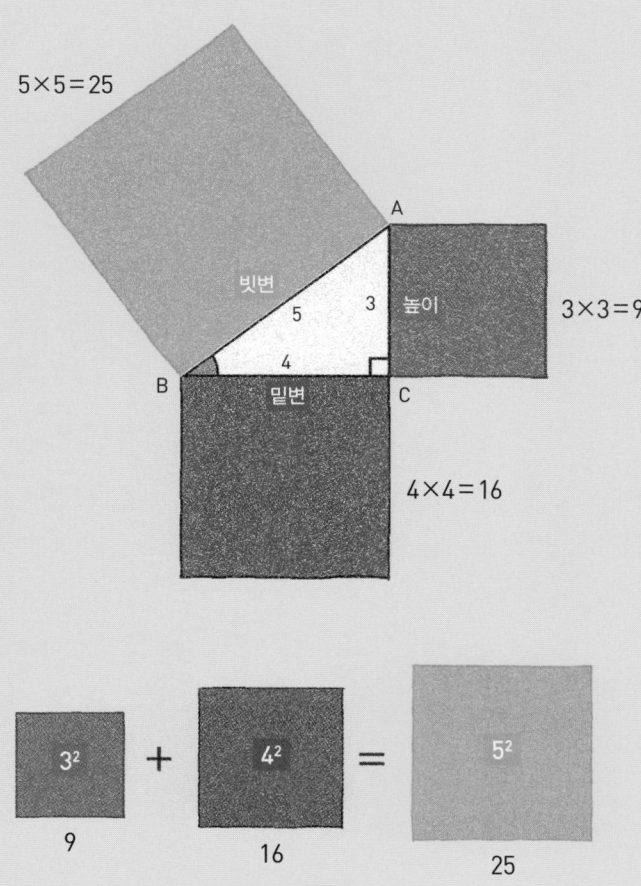

$5 \times 5 = 25$

빗변

5   3   높이

$3 \times 3 = 9$

4

밑변

$4 \times 4 = 16$

3^2 + 4^2 = 5^2

9   16   25

피타고라스의 정리를
증명해보자

피타고라스의 정리가 성립한다는 사실을 확인해보자(이 쪽은 나중에 천천히 읽어도 된다).

오른쪽 그림은 각각 오렌지색, 흰색, 회색인 정사각형 세 개를 겹쳐놓은 것이다. 정사각형 한 변의 길이는 각각 a, b, c다. **그림을 찬찬히 보면 직각삼각형 ①에서 피타고라스의 정리인 $a^2+b^2=c^2$이 성립한다는 사실을 알 수 있다.**

잠깐! 왜 피타고라스의 정리가 성립하는지 먼저 생각해보고 아래 해설을 읽어보자.

오른쪽 그림의 직각삼각형 ①②③④는 모두 완전히 똑같은 크기와 형태다(합동). 즉, 오렌지색과 흰색 정사각형을 나란히 놓은 상태에서 삼각형 ①과 ②를 잘라내 ③과 ④의 장소로 움직이면 회색 정사각형이 생긴다. 면적을 비교하면

오렌지색 정사각형 + 흰색 정사각형 = 회색 정사각형

$$a^2 \qquad + \qquad b^2 \qquad = \qquad c^2$$

그러므로 피타고라스의 정리가 성립한다는 사실을 알 수 있다.

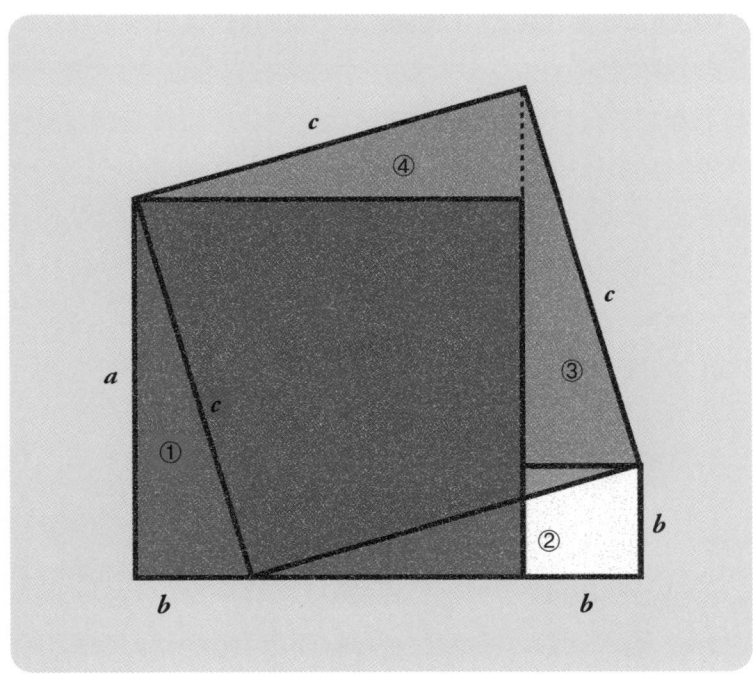

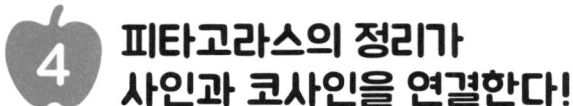

피타고라스의 정리가 사인과 코사인을 연결한다!

❖ 사인의 제곱과 코사인의 제곱을 더하면 1이 된다

앞쪽에서 본 피타고라스의 정리가 사인과 코사인을 어떻게 이어주는 것일까?

직각삼각형에서는 반드시 피타고라스의 정리인

(높이)² + (밑변)² = (빗변)²이 성립한다.

빗변의 길이가 1이면 높이는 사인, 밑변의 길이는 코사인이다. 따라서 사인과 코사인 사이에는 다음과 같은 관계가 성립한다.

$\sin^2\theta + \cos^2\theta = 1$ … 삼각함수의 중요 공식③

❖ sin 30°, cos 30°일 때

예를 들어 $\sin 30°$는 $\frac{1}{2}$이므로 $\sin 30°$의 제곱($\sin^2 30°$)은 $(\frac{1}{2})^2 = \frac{1}{4}$이다.

$\cos 30°$는 $\frac{\sqrt{3}}{2}$이므로, $\cos^2 30° = (\frac{\sqrt{3}}{2})^2 = \frac{3}{4}$이다.

그리고 $\sin^2 30°$와 $\cos^2 30°$를 더하면 $\frac{1}{4} + \frac{3}{4} = \frac{4}{4} = 1$이 된다.

이 공식을 이용하여 사인을 알면 코사인을, 코사인을 알면 사인을 구할 수 있다.

피타고라스의 정리와 삼각함수

직각삼각형의 빗변 AB의 길이가 1이면 높이는 $\sin\theta$, 밑변의 길이는 $\cos\theta$가 된다. 그리고 피타고라스의 정리에 따라 $\sin^2\theta + \cos^2\theta = 1$이 성립한다.

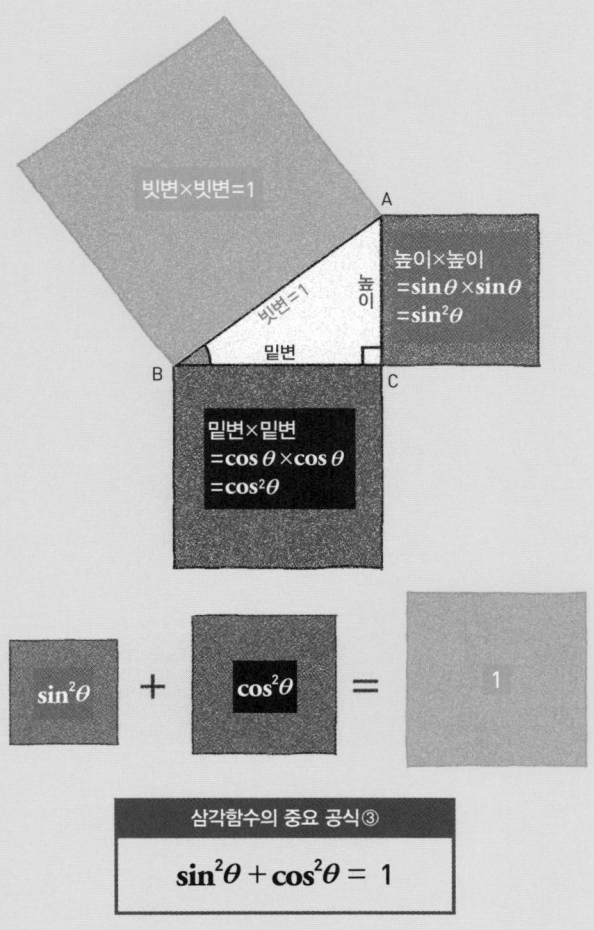

삼각함수의 중요 공식③

$$\sin^2\theta + \cos^2\theta = 1$$

피타고라스는 이런 사람!

고대 그리스의 수학자 피타고라스(기원전 582?~기원전 497?)는 '피타고라스 교단' 또는 '피타고라스 학파'라 불리는 학교를 연 인물이다. 그들은 종교 · 정치 · 철학을 공부하고 수론(數論)과 기하학에 관한 연구도 했다.

피타고라스는 '피타고라스의 정리'로 유명하지만, 피타고라스가 단독으로 발견한 법칙이 아니라 학파 전체가 이루어낸 성과다. 피타고라스 학파는 삼각형의 내각의 합이 $180°$라는 사실도 증명했다. 정다면체에 속하는 정사면체, 정육면체, 정팔면체, 정십이면체, 정이십면체도 피타고라스 학파가 발견했다고 한다.

피타고라스는 유리수*가 수의 전부이며 모든 수는 유리수로 나타낼 수 있다고 주장했다. 그리고 유리수로 나타낼 수 없는 수인 무리수**를 발견한 제자를 살해했다고 전해진다(여러 설이 있다).

---

* 유리수란 분자와 분모를 정수인 분수로 나타낼 수 있는 수
** 무리수란 분자와 분모를 정수인 분수로 나타낼 수 없는 수

피타고라스 학파의 비밀

닭꼬치의 '삼각'

닭꼬치 가게의 메뉴에서 '삼각(산카쿠)'을 본 적이 있는가? 닭 부위 중 하나인데, 대체 어느 부위를 말하는 것일까?

닭의 꼬리 밑동에는 삼각형으로 튀어나온 부분이 있다. 자주 움직이는 부분이라 근육이 발달한 데다 지방이 들어 있어서 식감과 맛이 좋다고 한다. 이 부위가 바로 삼각이다. 한 마리에서 나오는 양이 매우 적은 부위라서 보통은 닭고기 전문점에서만 취급한다. 한국사람은 냄새 나는 기름 덩어리라 먹지 않고 버리는데, 일본의 닭고기 요리 전문점에는 이 부위를 사용한 메뉴가 있다.

우리 인간의 몸에도 삼각형을 이루는 부분이 있다. **둥글게 솟은 어깨 근육인 '삼각근'이다.** 삼각근은 팔을 움직이는 역할을 한다. 위팔을 모든 방향으로 움직이게 한다. 공을 던질 때 깊이 관여하는 근육이기도 하며 어깨관절을 지키는 역할도 한다. 닭도 사람도, 몸 안에 '삼각형'을 가지고 있다.

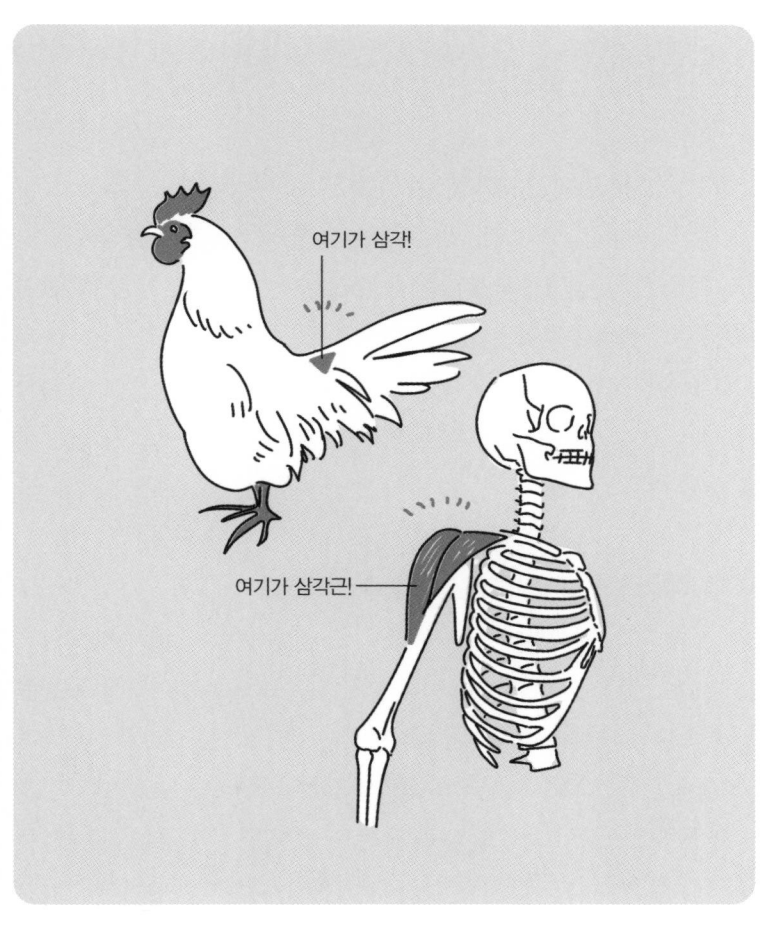

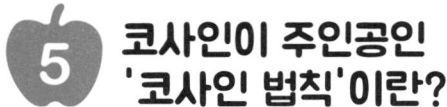

코사인이 주인공인 '코사인 법칙'이란?

✤ 삼각함수를 이용한 매우 편리한 법칙!

법칙이란 피타고라스의 정리처럼 수학적으로 옳다는 사실이 증명된 것을 말한다. **삼각함수와 관련된 법칙을 이용해 계산하면 삼각형에서 변의 길이나 면적을 구할 수 있다.**

처음에 소개할 법칙은 코사인 법칙이다. 삼각형의 두 변과 그 끼인각을 안다면 코사인 법칙을 이용해 나머지 한 변의 길이를 계산할 수 있다.

✤ 직각삼각형이 아니라도 알아낼 수 있다!

오른쪽 위의 삼각형을 보자. 각 A, B, C의 대변 a, b, c 중 a와 b의 길이는 알지만, c의 길이는 모른다. $\angle C$는 $60°$다. 여기서 유용한 법칙이 코사인 법칙(삼각함수의 중요 공식④)이다.

$c^2 = a^2 + b^2 - 2ab \cos C$ ··· **삼각함수의 중요 공식④**

이 공식에 a, b, $\cos C$의 값을 넣으면 쉽게 변 c의 길이를 구할 수 있다. 그리고 $\angle C$가 $90°$인 직각삼각형일 때는 $\cos 90° = 0$이므로 이 식과 피타고라스의 정리가 일치한다. 코사인 법칙은 피타고라스의 정리를 일반 삼각형에서도 사용할 수 있도록 확장한 것이다.

코사인 법칙을 적용해보자!

Q **아래 삼각형의 AB의 길이는?**

아래와 같은 △ABC가 있다. BC(a)의 길이는 6, AC(b)의 길이는 3, ∠C는 60°라는 사실은 알지만, AB의 길이인 c를 모른다. 코사인 법칙을 이용해 AB의 길이를 구해보자.

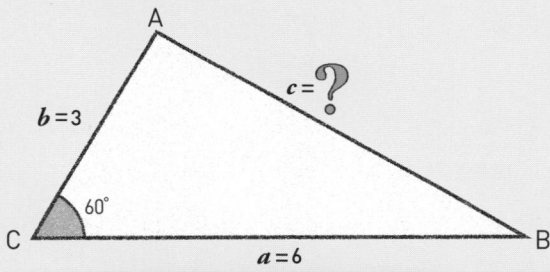

삼각함수의 중요 공식④

$$c^2 = a^2 + b^2 - 2ab\cos C$$

A 코사인 법칙에 따라 a, b, c 사이에는 다음과 같은 관계가 성립한다.

$$c^2 = a^2 + b^2 - 2ab\cos C$$

$a=6$, $b=3$, $\cos C = \cos 60° = \dfrac{1}{2}$ 을 위의 식에 대입한다.

$$c^2 = 6^2 + 3^2 - 2 \times 6 \times 3 \times \frac{1}{2}$$
$$= 36 + 9 - 18 = 27$$

c는 양수이므로

$$c = \sqrt{27} = 3\sqrt{3}$$

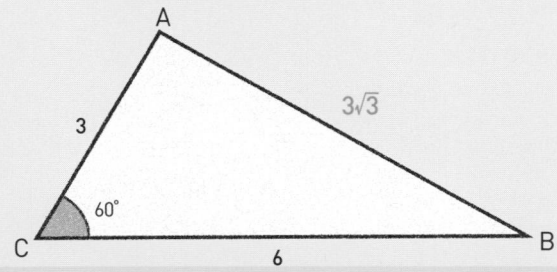

코사인 법칙을 증명해보자

코사인 법칙이 정말로 성립하는지 오른쪽에 있는 세 각의 크기가 105°, 30°, 45°인 삼각형 ABC로 확인해보자.

삼각형 ABC에서 c의 길이가 2라는 것은 알지만, a와 b의 길이는 모른다(①). **여기서 꼭짓점 A에서 대변 BC에 내린 수선의 발을 D라고 하자.** 제2장에서 구했던 $\sin 30° = \dfrac{1}{2}$, $\cos 30° = \dfrac{\sqrt{3}}{2}$, $\sin 45° = \dfrac{\sqrt{2}}{2}$ 를 이용하여 다음과 같이 모든 변의 길이를 알 수 있다(②).

직각삼각형 ABD에서 $\sin B = \dfrac{AD}{c}$, $\cos B = \dfrac{BD}{c}$ 이므로

$AD = c \times \sin B = 2 \times \dfrac{1}{2} = 1$, $BD = c \times \cos B = 2 \times \dfrac{\sqrt{3}}{2} = \sqrt{3}$

직각이등변삼각형 ACD에서 $\sin C = \dfrac{AD}{b}$ 이므로

$b = AD \div \sin C = 1 \div \dfrac{\sqrt{2}}{2} = \sqrt{2}$ 이고,

$CD = AD = 1$이므로 $a = BD + CD = 1 + \sqrt{3}$

여기서 코사인 법칙의 좌변 c^2을 계산하면 $c^2 = 4$이다. 코사인 법칙의 우변에 위에서 구한 a와 b를 대입하면

$$a^2 + b^2 - 2ab\cos C = (1+\sqrt{3})^2 + (\sqrt{2})^2 - 2 \times (1+\sqrt{3}) \times (\sqrt{2}) \times \dfrac{\sqrt{2}}{2}$$
$$= 1 + 2\sqrt{3} + 3 + 2 - (2 + 2\sqrt{3}) = 4$$

따라서 c^2과 같다. 이를 통해 코사인 법칙이 성립한다는 사실을 알 수 있다.

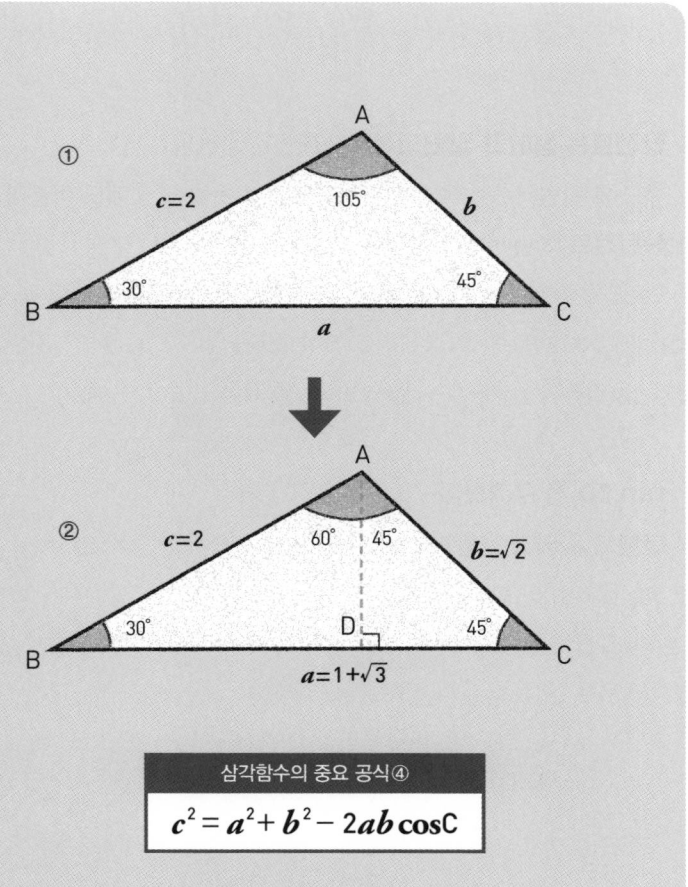

삼각함수의 중요 공식 ④

$$c^2 = a^2 + b^2 - 2ab\cos C$$

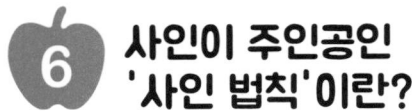

6 사인이 주인공인 '사인 법칙'이란?

✦ 삼각형의 사인과 대변 길이의 비는 일정하다!

다음으로 사인 법칙(삼각함수의 중요 공식⑤)이 있다. 사인 법칙은 오른쪽 위의 그림처럼 한 변과 두 각을 알면 나머지 변의 길이를 구할 수 있는 공식이다.

삼각형 ABC에서 $\angle A$, $\angle B$, $\angle C$의 대변을 각각 a, b, c라고 할 때, 사인 법칙은 다음과 같은 식으로 나타낼 수 있다.

$$\frac{\sin A}{a} = \frac{\sin B}{b} = \frac{\sin C}{c} \quad \cdots \text{삼각함수의 중요 공식⑤}$$

✦ 대변의 길이를 구할 수 있다

오른쪽 위의 삼각형 ABC는 $\angle B$와 그 대변 b의 길이를 알고 있다. $\angle A$의 크기도 알지만 대변 a의 길이는 모른다. 이럴 때 사인 법칙에 $\sin A$, $\sin B$, b의 값을 대입하면 a의 길이를 손쉽게 구할 수 있다.

Q **아래 삼각형의 BC의 길이는?**

아래의 $\triangle ABC$에서
$\angle A$는 $60°$, $\angle B$는 $45°$, b는 8이다.
a의 길이를 구해보자.

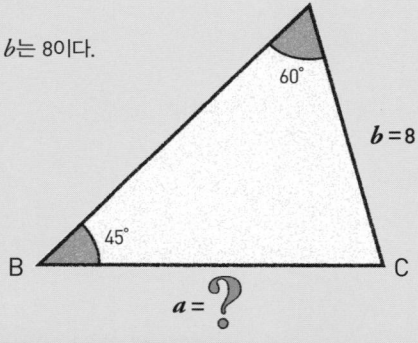

$a = ?$

삼각함수의 중요 공식⑤

$$\frac{\sin A}{a} = \frac{\sin B}{b} = \frac{\sin C}{c}$$

A **사인 법칙**

$\dfrac{\sin A}{a} = \dfrac{\sin B}{b}$ 에 $b=8$, $\angle A=60°$, $\angle B=45°$를 대입하면

$\dfrac{\sin 60°}{a} = \dfrac{\sin 45°}{8}$ 가 된다.

식을 $a = \cdots$ 형태로 변형하면 다음과 같다.

$a = \sin 60° \times \dfrac{8}{\sin 45°}$

$\quad = \dfrac{\sqrt{3}}{2} \times 8 \div \dfrac{\sqrt{2}}{2}$

$\quad = 4\sqrt{6}$

$a = 4\sqrt{6}$

사인 법칙을 증명해보자

앞의 사인 법칙이 성립하는지 확인해보자(이 쪽은 나중에 천천히 읽어도 된다). 먼저 오른쪽 삼각형 ABC의 꼭짓점 A에서 대변 BC에 내린 수선의 발을 D라고 한다. 여기서 직각삼각형 ABD에 주목한다. 사인의 정의에 따라 $\sin B = \dfrac{AD}{c}$ 이다. 그러므로

AD $= c \sin B \cdots$ ①이다.

다음으로 직각삼각형 ACD에 주목한다. 사인의 정의에 따라 $\sin C = \dfrac{AD}{b}$ 이다. 그러므로

AD $= b \sin C \cdots$ ②이다.

①과 ②에서, $c \sin B = b \sin C$가 된다.

양변을 bc로 나누면 $\dfrac{\sin B}{b} = \dfrac{\sin C}{c}$ 를 유도할 수 있다. 마찬가지로 꼭짓점 B에서 AC에 수선을 그으면 $\dfrac{\sin A}{a} = \dfrac{\sin C}{c}$ 를 유도할 수 있다. 정리하면,

$$\frac{\sin A}{a} = \frac{\sin B}{b} = \frac{\sin C}{c}$$

이므로 사인 법칙이 성립한다는 것을 알 수 있다.

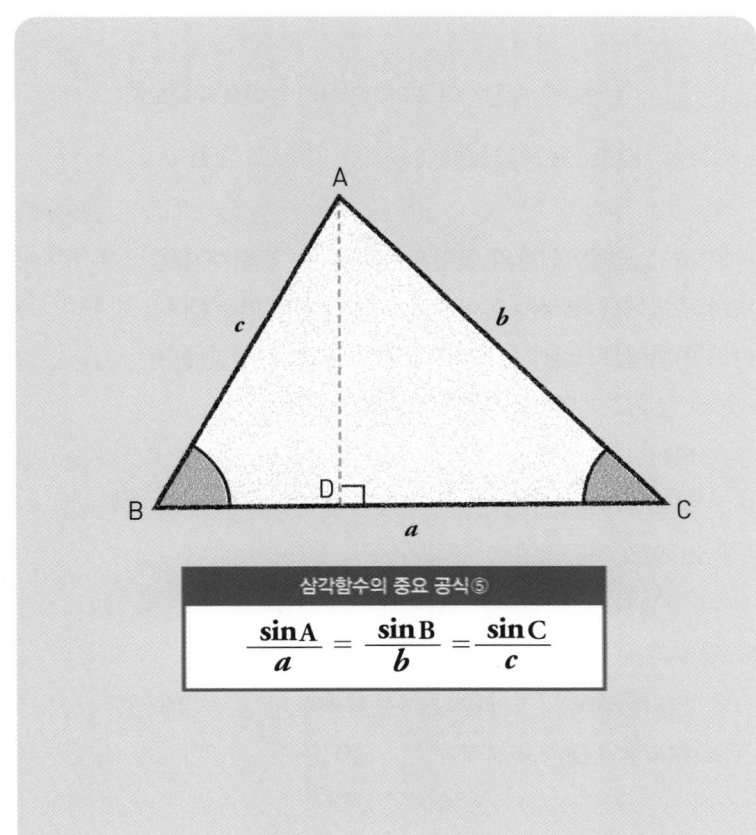

삼각함수의 중요 공식⑤

$$\frac{\sin A}{a} = \frac{\sin B}{b} = \frac{\sin C}{c}$$

7 삼각함수를 활용하면 삼각형의 면적을 알 수 있다!

◆ 직각삼각형이 아닌 삼각형의 면적을 구할 수 있다

다음으로 삼각함수를 활용하여 삼각형의 면적을 계산하는 방법을 알아보자. **삼각형의 면적은 밑변×높이÷2로 구할 수 있다.** 직각삼각형이라면 밑변과 높이에 해당하는 두 변을 측정하여 면적을 구할 수 있다. **그러나 그 외의 삼각형은 세 변 중 어느 하나를 밑변으로 삼아도 높이를 알 수 없으므로 면적을 구하기가 쉽지 않다.** 그럴 때 편리한 삼각함수의 공식이 있다.

◆ 두 변과 그 끼인각으로 면적을 알 수 있다

삼각형 ABC에서 AB를 c, AC를 b, BC를 a라고 했을 때, 면적 S를 구하는 다음 공식이 성립한다.

$$S = \frac{1}{2} ab \sin C \cdots \text{삼각함수의 중요 공식⑥}$$

즉, 삼각형의 두 변과 그 끼인각의 사인을 곱하고 2로 나누면 면적을 구할 수 있다. 이 공식은 토지의 면적을 구할 때를 비롯해 다양하게 활용된다. 덧붙여 끼인각이 90°인 직각삼각형일 때는 사인이 1이 되므로 밑면×높이÷2와 똑같아진다.

Q **아래 삼각형의 면적은?**
아래의 △ABC에서 a가 3, b가 4, $\angle$C가 30°다.
△ABC의 면적 S를 구해보자.

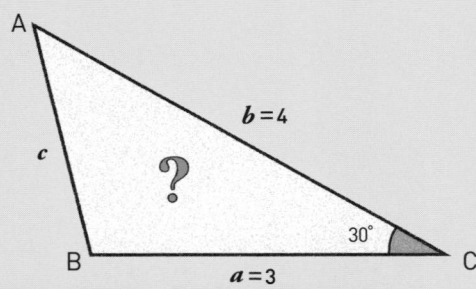

삼각함수의 중요 공식⑥

$$S = \frac{1}{2}ab\,\sin C$$

A **삼각함수의 중요 공식⑥**
$S = \frac{1}{2}ab\sin C$에
$a = 3$, $b = 4$, $\angle$C $= 30°$를 대입하면
$S = \frac{1}{2} \times 3 \times 4 \times \sin 30°$가 된다.
$\sin 30° = \frac{1}{2}$이므로
$S = \frac{1}{2} \times 3 \times 4 \times \frac{1}{2}$
$\quad = 3$이다.

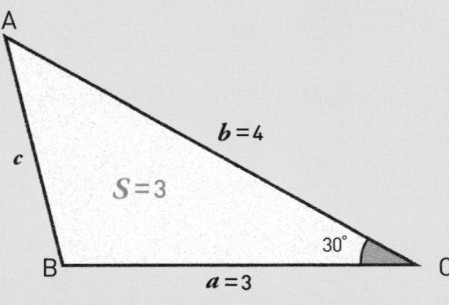

면적을 구하는 공식을
증명해보자

앞에서 본 면적 구하는 공식을 유도해보자(이 쪽은 나중에 천천히 읽어도 된다). 오른쪽 삼각형 ABC의 면적을 생각해보자. 먼저 꼭짓점 A에서 대변 BC에 내린 수선의 발을 D라고 한다. 삼각형의 면적은 (밑변)×(높이)÷2로 구할 수 있다. **밑변을 BC라고 했을 때 높이는 AD이므로 면적 S는 다음과 같이 나타낼 수 있다.**

$$S = a \times \text{AD} \div 2 \cdots ①$$

여기서 삼각형 ABD에 주목한다. 사인의 정의에 따라
$\sin B = \dfrac{높이}{빗변} = \dfrac{\text{AD}}{c}$ 가 되므로, $\text{AD} = c \sin B$다. 이것을 ①의 식에 대입하면,

$S = \dfrac{1}{2} ac \sin B$이므로, 면적 구하는 공식을 유도할 수 있다.

똑같은 방법으로
$S = \dfrac{1}{2} bc \sin A$와 $S = \dfrac{1}{2} ab \sin C$도 유도할 수 있다.

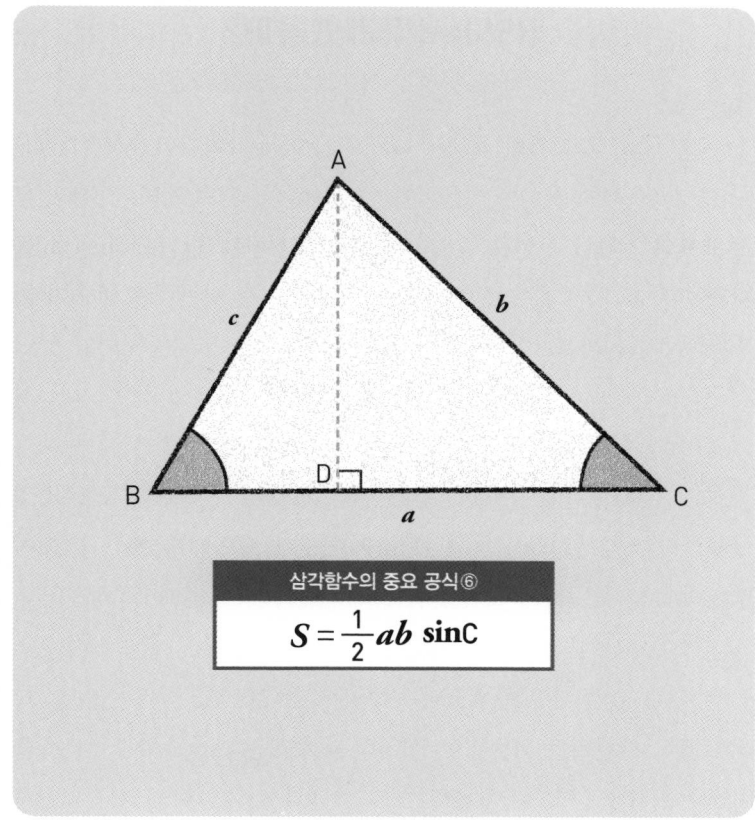

삼각함수의 중요 공식⑥

$$S = \frac{1}{2}ab \sin C$$

헤엄치는 거리는 어느 정도일까?

Q5 코사인 법칙을 이용하여 헤엄치는 거리를 계산해보자!

수학여행에서 돌아온 경태. 수영부인 경태는 연습을 위해 집 근처의 연못을 헤엄쳐서 건너기로 했다. 그러나 연못을 다 건널 때까지 몇 미터나 헤엄쳐야 하는지 알 수 없다.

연못의 크기를 직접 측정할 수는 없기 때문에 집에서 출발 지점까지의 거리와 집에서 도착 지점까지의 거리를 측정했다. 그리고 집에서 본 출발 지점과 도착 지점의 사이의 각도도 측정했다. 그러자 오른쪽 그림과 같았다.

경태는 출발 지점에서 도착 지점까지 몇 미터를 헤엄쳐야 할까? $\cos 60° = 0.5$다.

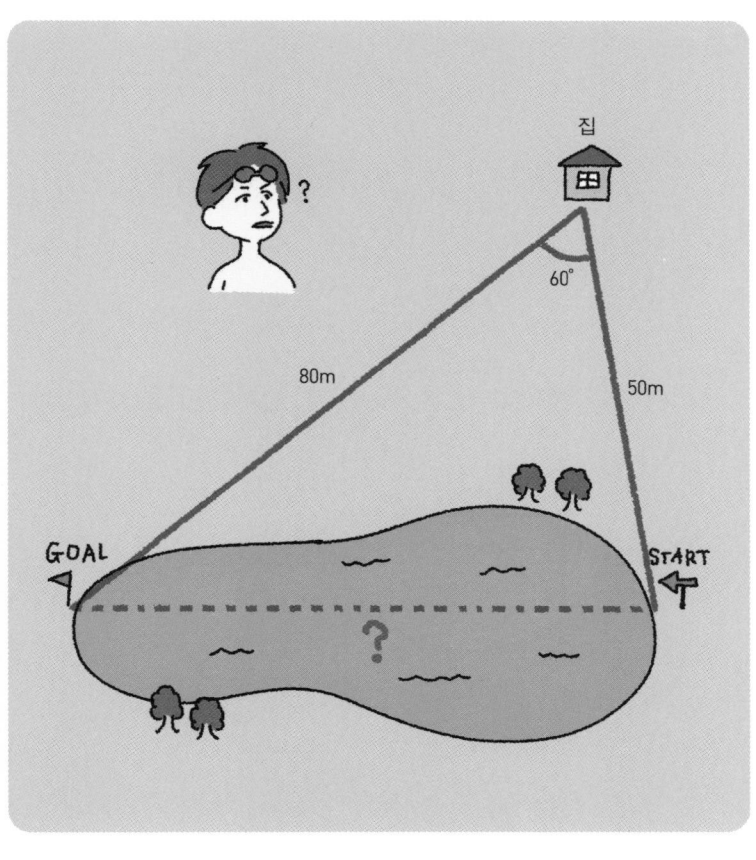

헤엄치는 거리는 코사인 법칙으로 구할 수 있다

A5

헤엄치는 거리는 70m이다.

오른쪽과 같은 삼각형 ABC를 생각해보자. 두 변과 그 끼인각을 알고 있으므로 c의 길이는 코사인 법칙

$c^2 = a^2 + b^2 - 2ab\cos C$ 로 구할 수 있다.

$a = 50$, $b = 80$, $\cos C = \cos 60° = 0.5$를 코사인 법칙의 공식에 대입하면

$c^2 = (50)^2 + (80)^2 - 2 \times 50 \times 80 \times 0.5$

$= 2500 + 6400 - 4000$

$= 4900$

따라서 $c = \pm 70$이 된다. 헤엄치는 거리는 양의 값이 되므로, 경태가 헤엄치는 거리는 70m다.

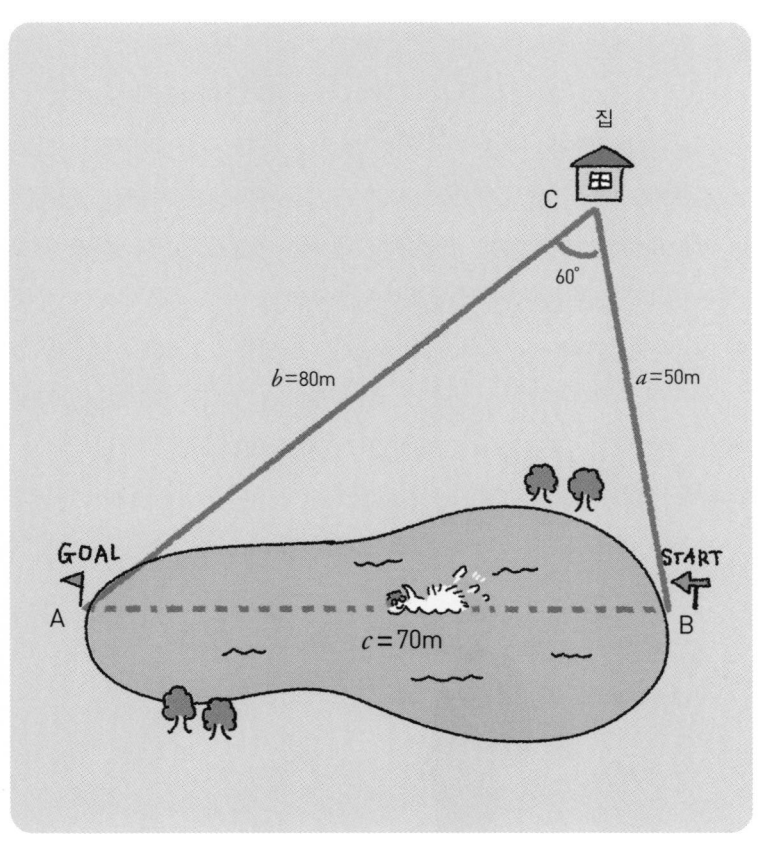

슈퍼까지의 거리는?

Q6 사인 법칙을 이용하여 슈퍼까지의 거리를 계산해보자!

경태는 평소 집에서 300m 거리에 있는 편의점을 이용한다. 최근 근처에 슈퍼가 새로 문을 열었는데 만약 편의점보다 가깝다면 이제부터는 그쪽을 이용할까 생각하고 있다.

경태는 슈퍼까지의 거리를 직접 측정하려 했다. 하지만 길 가운데에 있는 덩치 큰 개가 무서워서 지나갈 수 없다. 그래서 집에서 본 슈퍼와 편의점 사이의 각도와 편의점에서 본 슈퍼와 집 사이의 각도를 각각 측정했다. 그러자 오른쪽 그림과 같았다.

새로 문을 연 슈퍼는 집에서 몇 미터 거리에 있을까?
$\sin 37° = 0.60$, $\sin 64° = 0.90$이라고 하자.

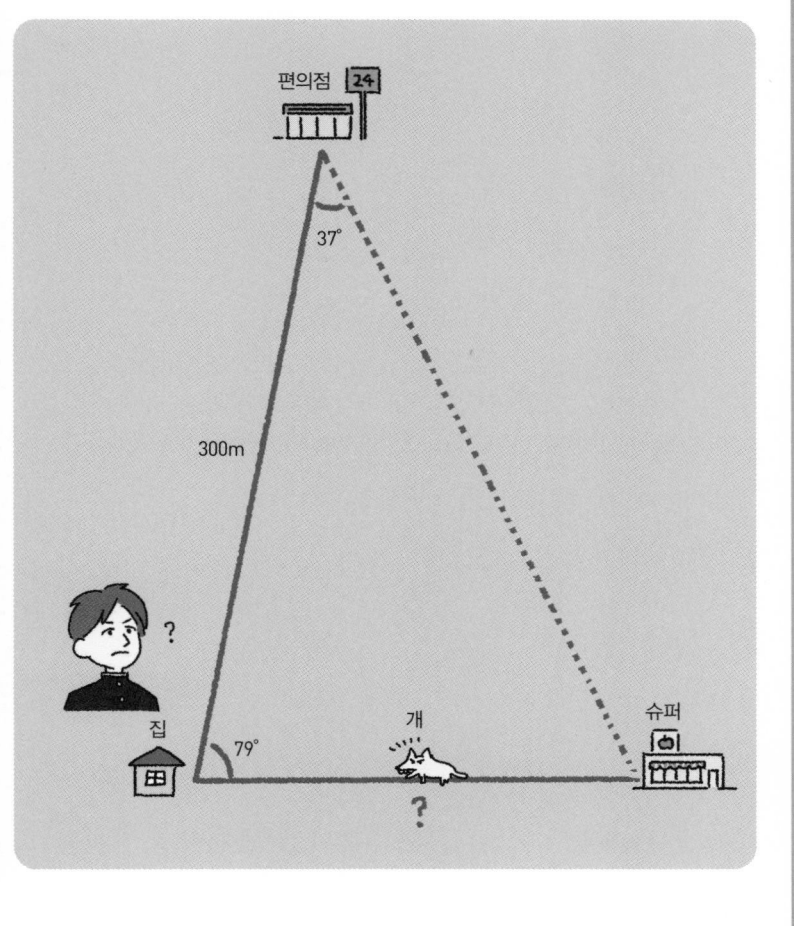

사인 법칙으로 슈퍼까지의 거리를 계산한다

A6

집에서 슈퍼까지의 거리는 200m이다.

오른쪽과 같은 삼각형 ABC를 생각해보자. 이 문제를 풀 첫 번째 포인트는 △ABC에서 ∠C의 크기를 구하는 것이다. 삼각형의 내각의 합은 180°이므로,

$$\angle C = 180° - \angle A - \angle B = 64°다.$$

여기에 사인 법칙 $\dfrac{\sin A}{a} = \dfrac{\sin C}{c}$ 를 적용한다.

$\sin A = 0.60$, $\sin C = 0.90$, $c = 300$을 대입하면

$$\frac{0.60}{a} = \frac{0.90}{300}$$

$$a = 0.60 \times 300 \div 0.90$$

$$= 200$$

따라서 집에서 슈퍼까지의 거리는 200m이다.

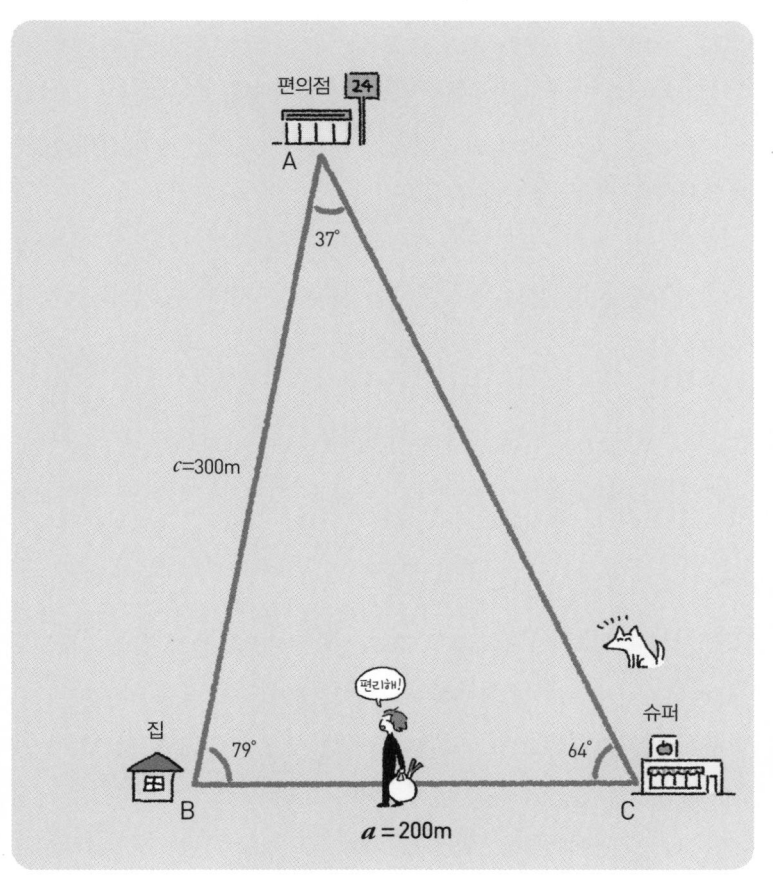

삼각형을 이용해 지도를 그린다

지도 제작에 사용되는 '삼각측량'이라는 말을 들어본 적이 있는가? **삼각측량이란 삼각형의 성질을 이용하여 어느 지점(미지점)의 정확한 위치를 알아내는 방법을 말한다.**

삼각측량을 할 때는 위치를 알고 있는 두 개의 기준점을 이용한다. 기준점 두 개와 미지점으로 삼각형을 만들고, 두 기준점을 잇는 변의 길이와 그 양 끝의 각도를 계측한다. 그러면 한 변과 그 양 끝 각을 알 수 있으므로 사인 법칙이나 코사인 법칙을 써서 삼각형의 나머지 변의 길이와 각도를 구할 수 있다. 즉, 미지점의 위치를 확정할 수 있다.

위치가 확정된 점은 새로운 기준점으로 이용할 수 있다. 정확한 일본 지도를 만들기 위해 19세기 후반부터 한 변이 45km 정도인 '일등 삼각점'이라는 기준점을 일본 전국에 설치했다. **일등 삼각점을 연결하여 생기는 그물의 눈을 '일등 삼각망'이라고 한다.** 일본열도는 삼각형 그물로 덮여 있다고 할 수 있다.

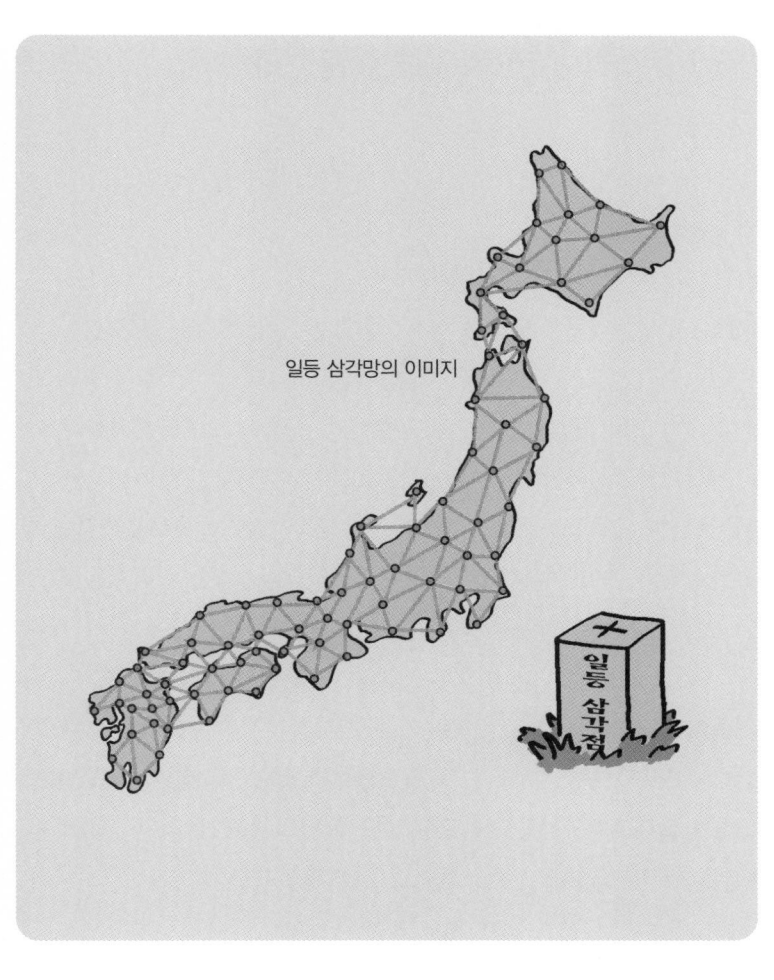

일등 삼각망의 이미지

공사 현장에서도
삼각형을 활용한다

공사 현장에서 다리가 세 개 달린 카메라와 비슷한 기기를 들여
다보는 사람을 본 적이 없는가? 바로 도면을 제작하기 위해 측량을
하는 모습이다. **측량할 때 많이 사용되는 기기가 '토털 스테이션'이다.**
목표까지의 거리와 각도를 동시에 측정할 수 있는 편리한 도구다.

토털 스테이션을 사용하면 측량하려는 목표 지점에 레이저 광선
을 쏜 다음 반사된 빛을 이용해 목표까지의 거리인 '사거리'를 계측
할 수 있다. 그리고 기계 위로 뻗는 직선을 $0°$로 삼아 목표까지의 상
하 방향의 각도인 '연직각'을 측정할 수도 있다.

그리고 토털 스테이션에서 목표를 향해 수평선을 그으면 직각삼
각형이 나타난다(오른쪽 그림). 이때 직각삼각형의 각 중 하나는 '연
직각$-90°$'로 구할 수 있다. **이 각도와 사거리를 삼각함수의 공식에 대**
입하면 목표까지의 수평거리도 측정할 수 있다. 삼각함수는 공사나 설
계 현장에서 중요한 역할을 한다.

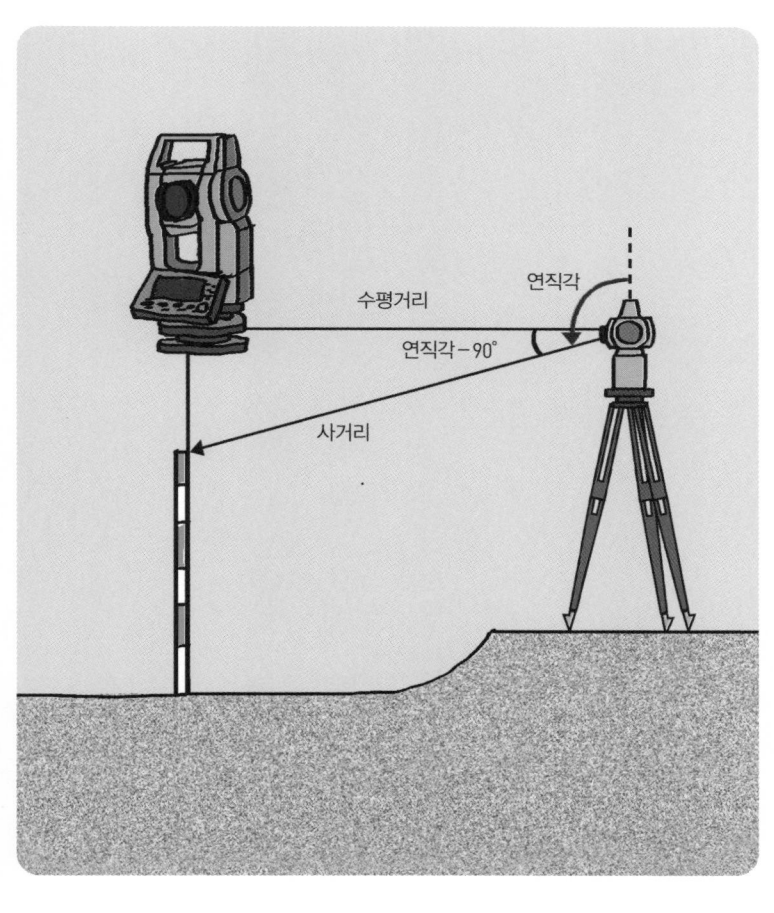

수평거리

연직각

연직각 - 90°

사거리

제4장
삼각함수가 파동을 만든다

제4장에서는 삼각함수를 직각삼각형의 한계에서 벗어나
90°보다 큰 각이나 음의 각도 다룬다.
이로써 삼각함수와 '파동'의 신비한 관계가 드러난다.

1 원으로 생각하면 삼각함수를 이해하기 쉽다

✤ 좌표의 x값이 cos, y값이 sin

33쪽에서 보았듯이 직각삼각형 ABC의 빗변 AB의 길이를 1로 고정한 상태에서 ∠B의 크기가 변하면 꼭짓점 A의 궤적은 반지름이 1인 원의 일부가 된다. 반지름이 1인 원을 단위원이라 하며, 단위원의 중심을 원점 0으로 한 좌표로 삼각함수를 생각해보자(오른쪽 그림).

원점 0에서 수평으로 뻗는 축은 x축, 수직으로 뻗는 축은 y축이다. x가 1, y가 0인 점 D(1, 0)에서 단위원 위를 반시계 방향으로 회전하는 점 P(x, y)가 있다. **점 P가 반시계 방향으로 30° 회전했을 때(점 A), x값은 $\cos 30° = \dfrac{\sqrt{3}}{2}$, y값은 $\sin 30° = \dfrac{1}{2}$이 된다.** 이러한 관계는 30° 이외의 각에서도 성립한다.

✤ 삼각함수는 어떤 각이라도 다룰 수 있다

단위원 위의 점 P가 θ만큼 회전했을 때, $\cos\theta$를 점 P의 x좌표, $\sin\theta$를 점 P의 y좌표로 다시 정의하자. 그러면 삼각함수는 직각삼각형이라는 한계에서 벗어나 90°보다 큰 각이나 음의 각을 다룰 수 있게 된다.

단위원으로 삼각함수를 생각한다

반지름이 1인 단위원 위에 있는 점 $P(x, y)$가 점 $D(1, 0)$에서 반시계 방향으로 θ 만큼 회전했을 때, $\cos\theta$는 점 P의 x좌표, $\sin\theta$는 점 P의 y좌표로 정의된다.

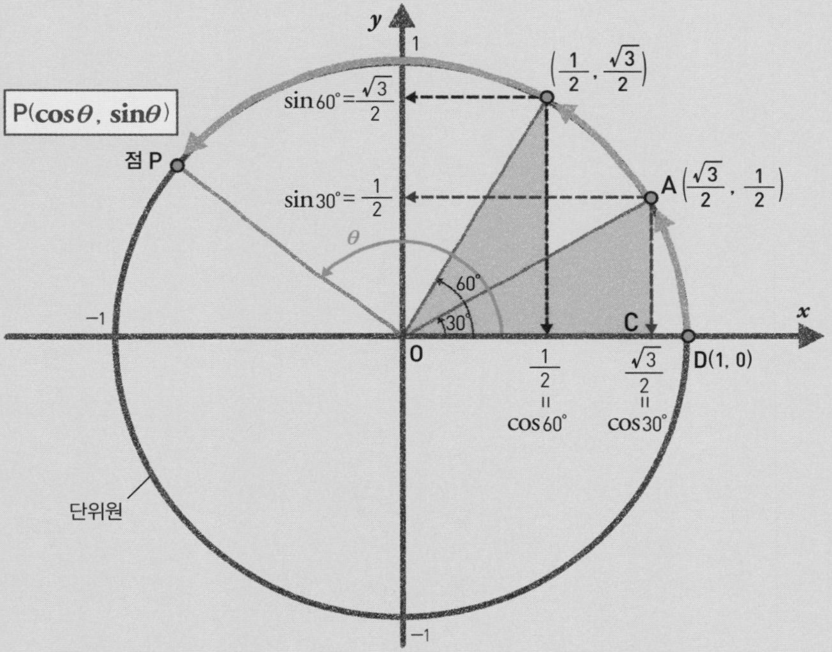

$P(\cos\theta, \sin\theta)$

점 P

$\left(\dfrac{1}{2}, \dfrac{\sqrt{3}}{2}\right)$

$\sin 60° = \dfrac{\sqrt{3}}{2}$

$\sin 30° = \dfrac{1}{2}$

$A\left(\dfrac{\sqrt{3}}{2}, \dfrac{1}{2}\right)$

θ

$60°$

$30°$

-1

C

x

O

$\dfrac{1}{2}$ = $\cos 60°$

$\dfrac{\sqrt{3}}{2}$ = $\cos 30°$

$D(1, 0)$

단위원

-1

단위원으로 생각하면 0°~90°라는 각도의 제한이 없어져.

90°보다 큰 각일 때 삼각함수의 값은 어떻게 될까?

✦ y축에 대하여 대칭시킨다

90°보다 큰 각일 때를 생각해보자. 예를 들어 점 P가 점 D(1, 0)에서 반시계 방향으로 150° 회전했다고 하자. **150° 회전한 점은 그림에서 나타냈듯이 30° 회전한 점**$(\frac{\sqrt{3}}{2}, \frac{1}{2})$**을 y축에 대하여 대칭이동했을 때의 점과 겹친다.** 그러므로 점 P의 좌표는 $(-\frac{\sqrt{3}}{2}, \frac{1}{2})$이 된다.

따라서 $\cos 150° = -\frac{\sqrt{3}}{2}$, $\sin 150° = \frac{1}{2}$이다.

✦ x축에 대하여 대칭시킨다

다음으로 음의 각일 때를 생각해보자. 각도는 반시계 방향으로 회전하면 양의 각, 시계 방향으로 회전하면 음의 각이 된다. 그림은 점 P′가 점 D에서 −30° 회전했을 경우다.

−30° 회전한 점은 30° 회전한 점을 x축에 대하여 대칭이동했을 때의 점과 겹친다. 그러므로 이때 점 P′의 좌표는 $(\frac{\sqrt{3}}{2}, -\frac{1}{2})$이 된다.

따라서 $\cos(-30°) = \frac{\sqrt{3}}{2}$, $\sin(-30°) = -\frac{1}{2}$이다.

이처럼 단위원으로 생각하면 90°보다 큰 각이나 음의 각의 사인과 코사인을 구할 수 있다.

150°와 -30°의 삼각함수

90°를 넘는 각이나 음의 각일 때, 사인과 코사인이 어떤 값을 가지는지 그림으로 나타냈다.

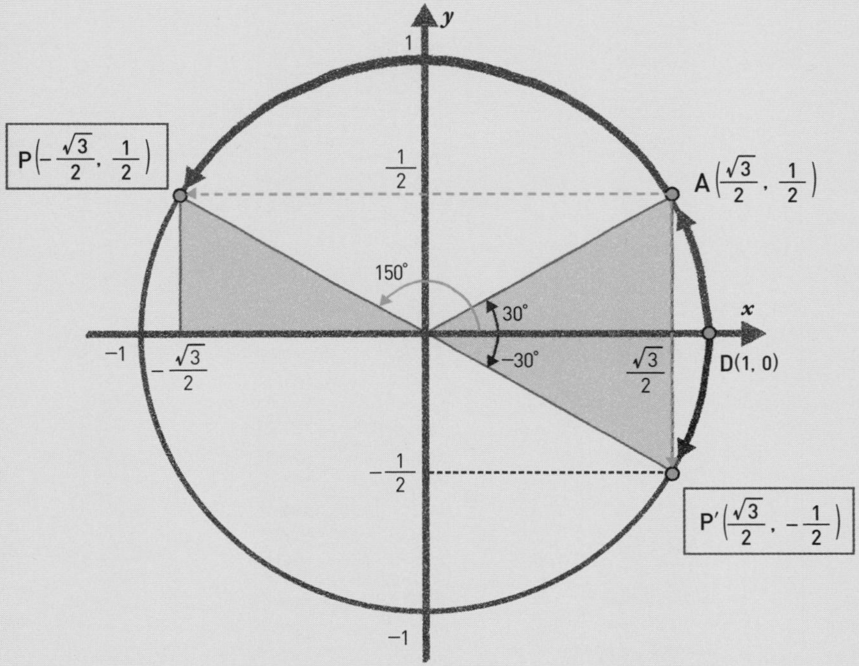

y
1
$P\left(-\frac{\sqrt{3}}{2}, \frac{1}{2}\right)$
$\frac{1}{2}$
$A\left(\frac{\sqrt{3}}{2}, \frac{1}{2}\right)$
150°
30°
x
−1
$-\frac{\sqrt{3}}{2}$
−30°
$\frac{\sqrt{3}}{2}$
D(1, 0)
$-\frac{1}{2}$
$P'\left(\frac{\sqrt{3}}{2}, -\frac{1}{2}\right)$
−1

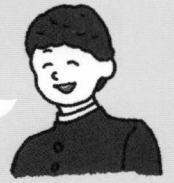

각이 90°보다 크거나 음의 각이면 사인과 코사인 값에 마이너스가 붙는구나.

3 '호의 길이'로 각도를 나타낼 수 있다

✤ 단위원을 이용하여 각을 나타낸다

단위원에서 코사인과 사인 값이 x좌표의 값과 y좌표의 값으로 결정된다. 마찬가지로 단위원을 이용하여 각도를 나타내는 방법이 있다. 바로 '호도법'이다. 이 책에서는 자세히 다루지 않지만 삼각함수의 미분과 적분에서 각을 호도법으로 나타내면 편리하다. 지금부터 호도법에 익숙해지자!

호도법이란 단위원에서 중심각이 만들어내는 '호의 길이'로 각도를 나타내는 방법이다. 반지름이 r인 원의 둘레는 $2\pi r$(π는 원주율)이므로 반지름이 1인 단위원에서 원주는 2π다. **호도법으로는 360°를 2π로 나타낸다.** 이때 각도의 단위는 '도'가 아니라 '라디안(radian)'이라고 부른다. 즉, 360°는 2π라디안이다.

✤ 60°를 호도법으로 나타내보자

60°는 호도법으로 나타내면 어떻게 될까? **단위원에서 중심각이 60° 인 부채꼴의 호의 길이는 $2\pi \times \dfrac{60°}{360°} = \dfrac{\pi}{3}$ 이므로 60°는 $\dfrac{\pi}{3}$ 라디안이 된다.** 중심각이 135°일 때는 호의 길이가 $2\pi \times \dfrac{135°}{360°} = \dfrac{3\pi}{4}$ 이므로 135°는 $\dfrac{3\pi}{4}$ 라디안이 된다.

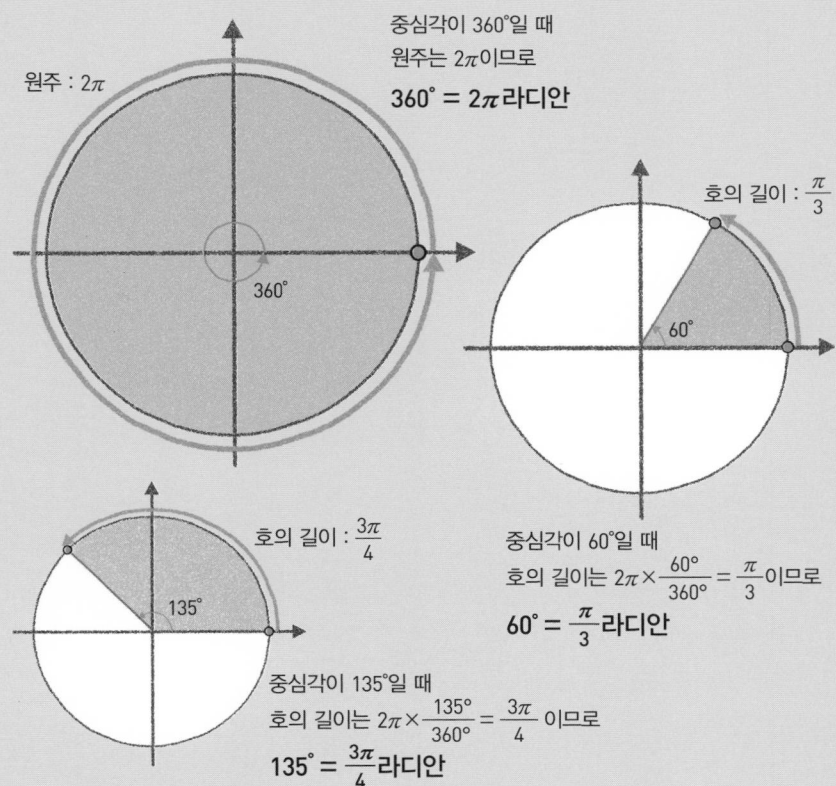

호도법의 단위인 라디안은 일반적으로 생략한다. 관례에 따라 다음 쪽부터 각을 호도법으로 나타낼 때 라디안은 생략한다.

4 사인 값을 그래프로 그리면 '파도'가 나타난다!

✦ 90°를 넘으면 어떻게 변할까?

각도가 $0°(0)$에서 $90°(\frac{\pi}{2})$를 넘어 $360°(2\pi)$까지 커질 때, 삼각함수의 값은 어떻게 변할까? 사인 값을 그래프로 그려서 알아보자.

먼저 $y=\sin\theta$ 함수를 생각한다. **이 식은 각도가 θ일 때 y는 $\sin\theta$의 값을 가진다는 것을 나타낸다.**

사인 값이 만드는 파도

각도가 변하면 사인 값이 어떻게 변하는지를 대관람차 그림으로 나타냈다.

사인 값은 θ가 0에서 π 사이일 때는 양의 값을, θ가 π에서 2π 사이일 때는 음의 값을 가진다.

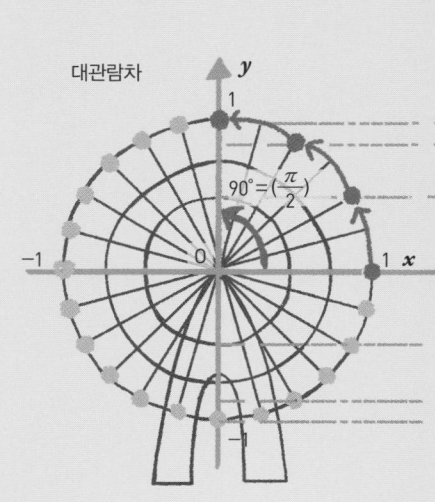

대관람차

✦ 곤돌라를 옆쪽에서 본다

대관람차를 떠올려보자. 왼쪽 아래의 그림은 대관람차의 곤돌라가 시작 지점인 (1, 0)에서 90°($\frac{\pi}{2}$) 회전한 상태다. $\sin\theta$는 단위원 위에서의 높이(y값)를 나타낸다. 높이 방향의 성분을 추리기 위해 곤돌라를 옆쪽에서 보도록 하자. 원주 위를 돌고 있던 곤돌라는 좌우로는 움직이지 않고 위아래로 왔다 갔다 하는 운동을 반복한다.

상하 방향의 높이(y)를 세로축으로, 회전하는 각도(θ)를 가로축으로 삼아 $y = \sin\theta$를 그래프로 나타낼 수 있다. **그러면 대관람차가 한 번 회전(2π)할 때마다 마루와 골이 반복되는 파도가 나타난다.** 이것을 '사인 곡선'이라 한다.

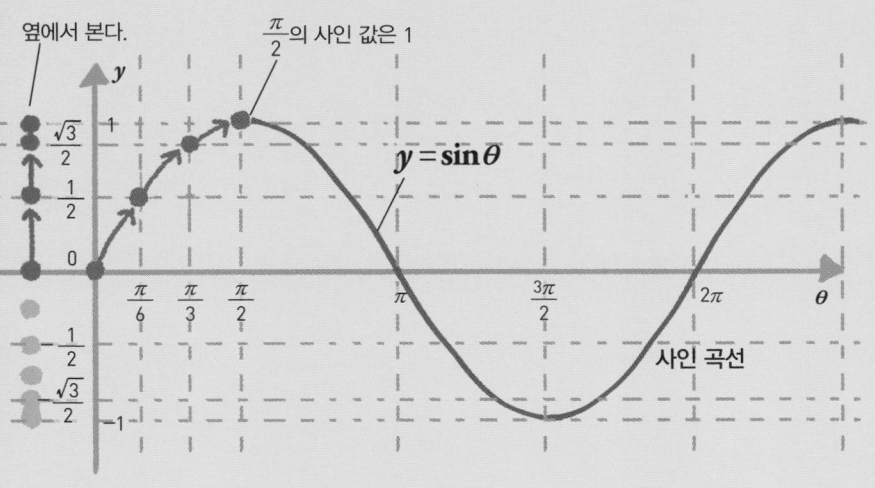

5 코사인 그래프 역시 '파도'를 그린다!

✦ 90° 평행이동한 똑같은 형태의 곡선

코사인 값의 변화를 나타내는 $y = \cos\theta$ 그래프 역시 대관람차를 예로 들어보겠다. 코사인 값은 단위원 위에 있는 점의 x좌표를 나타낸다. x값의 변화를 알기 쉽도록 대관람차를 바로 위에서 보도록 하자(오른쪽 그림).

그래프로 나타내면 코사인 곡선도 사인 곡선과 마찬가지로 2π를 1주기로 하는 파도를 그린다는 사실을 알 수 있다. **그리고 107쪽의 사인 곡선과 비교해보면 코사인 곡선은 90°($\frac{\pi}{2}$)만큼 평행이동한 똑같은 형태의 곡선이라는 점을 알 수 있다.**

✦ 삼각함수로 빛이나 소리, 전자파 등을 알 수 있다

사인과 코사인이 실은 파동을 나타내고 있다는 사실을 알았다. 우리가 사는 세계는 빛이나 전자파, 소리와 같은 다양한 파동으로 가득차 있다. **삼각함수는 이 파동들이 지니는 성질을 밝히는 데 꼭 필요한 도구다.**

파도 형태가 쌍둥이처럼 닮았다

각도의 변화에 따라 코사인 값이 어떻게 변하는지를 대관람차의 예로 나타냈다. $y=\cos\theta$ 는 $y=\sin\theta$ 에 비해 90°($\frac{\pi}{2}$)만큼 평행이동한 곡선을 그린다.

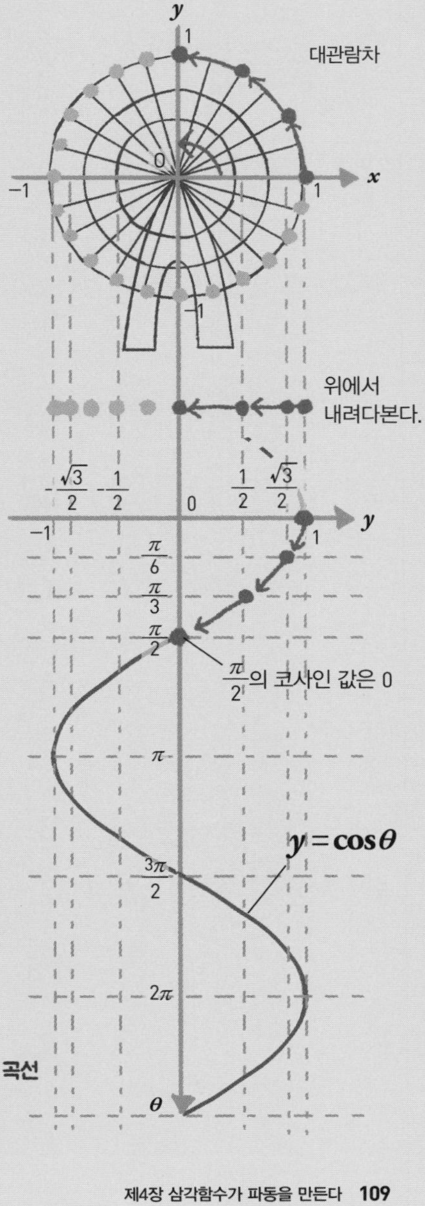

대관람차

위에서 내려다본다.

$-\frac{\sqrt{3}}{2}$ $-\frac{1}{2}$ 0 $\frac{1}{2}$ $\frac{\sqrt{3}}{2}$

-1 1 y

$\frac{\pi}{6}$

$\frac{\pi}{3}$

$\frac{\pi}{2}$

$\frac{\pi}{2}$ 의 코사인 값은 0

π

코사인 그래프도 사인과 똑같은 파도를 그리고 있지.

$\frac{3\pi}{2}$

$y=\cos\theta$

2π

코사인 곡선

θ

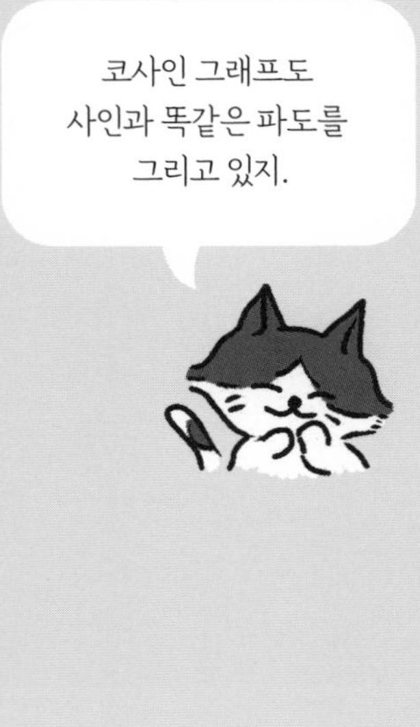

6 탄젠트의 변화를 이해하는 요령

❖ $\tan\theta$ 값의 변화를 생각해보자

탄젠트 값의 변화에 대해서도 알아본다. 오른쪽 그림을 보자.

단위원 위의 점을 P라 했을 때, 삼각형 OPC에 대해 $\tan\theta = \dfrac{\text{높이}}{\text{밑변}}$ $= \dfrac{\text{CP}}{\text{OC}}$ 로 나타낼 수 있다. 하지만 OP도 OC도 각 θ에 따라 값이 변하기 때문에 이대로는 $\tan\theta$ 값의 변화를 알아보기가 조금 복잡하다.

❖ 직선 $x = 1$이 열쇠

여기서 직선 $x = 1$을 그으면 생기는 직각삼각형 OP'D를 생각해보자. 점 P'는 직선 OP의 연장선과 직선 $x = 1$의 교점이다. △OP'D는 △OPC와 닮음이다. 그러므로 $\tan\theta = \dfrac{\text{CP}}{\text{OC}} = \dfrac{\text{DP}'}{\text{OD}}$ 가 된다. OD의 길이는 1이므로 $\tan\theta = \dfrac{\text{DP}'}{1} = \text{DP}'$라고 나타낼 수 있다.

즉, $\tan\theta$는 직선 $x = 1$과 직선 OP의 연장선의 교점인 y좌표의 값(DP')과 같아진다. 이것을 이용하여 다음 쪽에서 $\tan\theta$의 그래프를 그려본다.

직선 $x=1$을 그어 생각하자

단위원 위에 있는 점 P가 점 D(1, 0)에서 반시계 방향으로 θ만큼 회전했을 때, $\tan\theta$는 직선 $x=1$과 직선 OP의 연장선의 교점인 y좌표의 값과 같아진다.

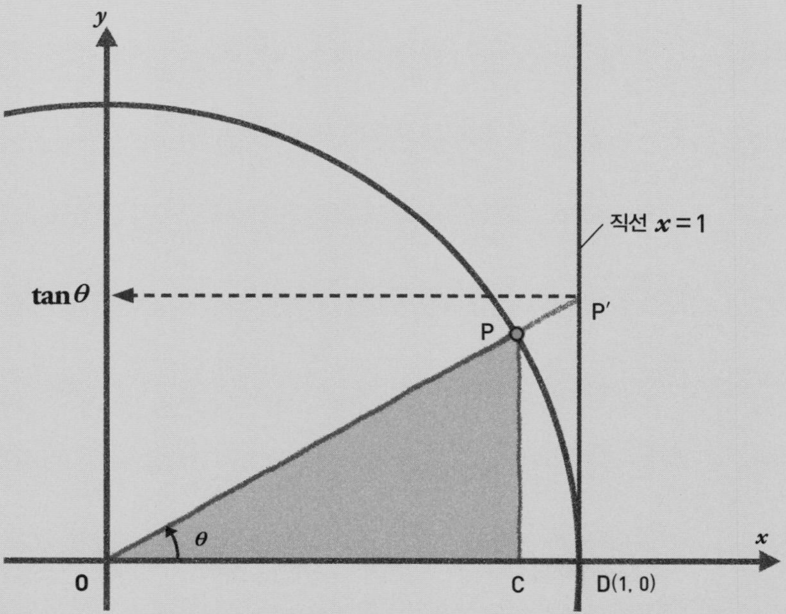

y
tanθ
직선 x = 1
P′
P
θ
x
O
C
D(1, 0)

$$\tan\theta = \frac{CP}{OC} = \frac{DP'}{OD} = DP'$$

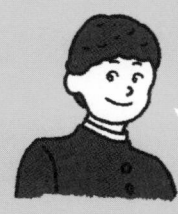

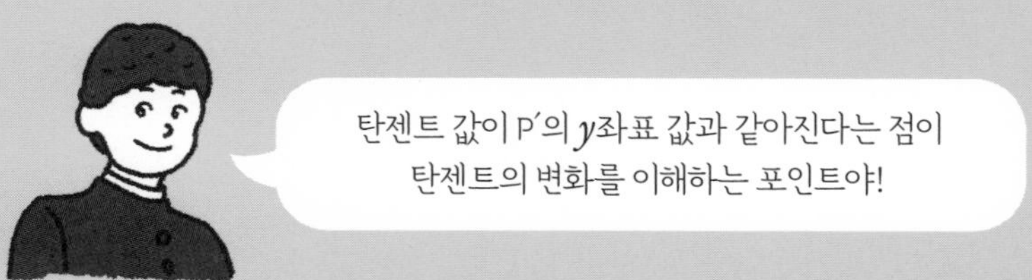

탄젠트 값이 P′의 y좌표 값과 같아진다는 점이
탄젠트의 변화를 이해하는 포인트야!

7 특이한 형태의 탄젠트 그래프

✤ 탄젠트 그래프를 그리자

직선 OP의 연장선과 직선 $x=1$의 교점인 y좌표가 $\tan\theta$가 된다는 점을 이용하여 탄젠트 값을 그래프로 나타내면 오른쪽의 그림과 같다. **탄젠트 그래프는 사인과 코사인 그래프와는 전혀 다른 형태가 된다는 사실을 알 수 있다.**

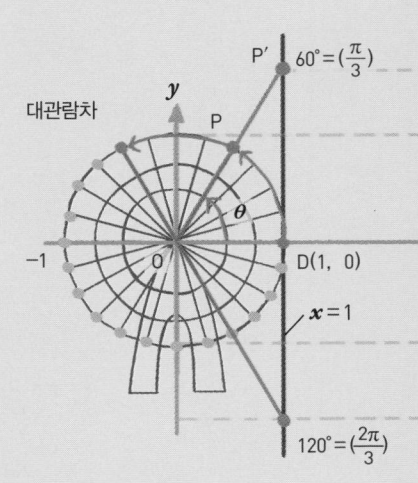

탄젠트 그래프

탄젠트 값은 0에서 $\dfrac{\pi}{2}$에 가까워질수록 $+\infty$에 가까워진다.

$\dfrac{\pi}{2}$를 지나면 다음은 $-\infty$에서 증가하기 시작한다. π에서 0이 되고 $\dfrac{3\pi}{2}$에 가까워질수록 $+\infty$에 가까워진다.

대관람차

y

P' $60° = \left(\dfrac{\pi}{3}\right)$

P

θ

-1 0 D(1, 0)

$x = 1$

$120° = \left(\dfrac{2\pi}{3}\right)$

❖ 0에서 ∞로, -∞에서 0으로

θ가 0일 때 탄젠트 값은 0이다. 각도가 커지면 탄젠트 값도 커진다. $\frac{\pi}{2}$ (90°)에 가까워지면 탄젠트는 무한대(+∞)에 가까워진다.

그리고 $\frac{\pi}{2}$ 일 때 직선 OP는 아무리 뻗어나가도 직선 $x = 1$과 만나지 않기 때문에 $\tan(\frac{\pi}{2})$의 값은 정의할 수 없다.

$\frac{\pi}{2}$ 를 지나면 탄젠트는 음의 무한대(-∞)에서 시작되어 다시 증가한다. 그리고 π일 때 다시 0으로 돌아가는 그래프를 그린다.

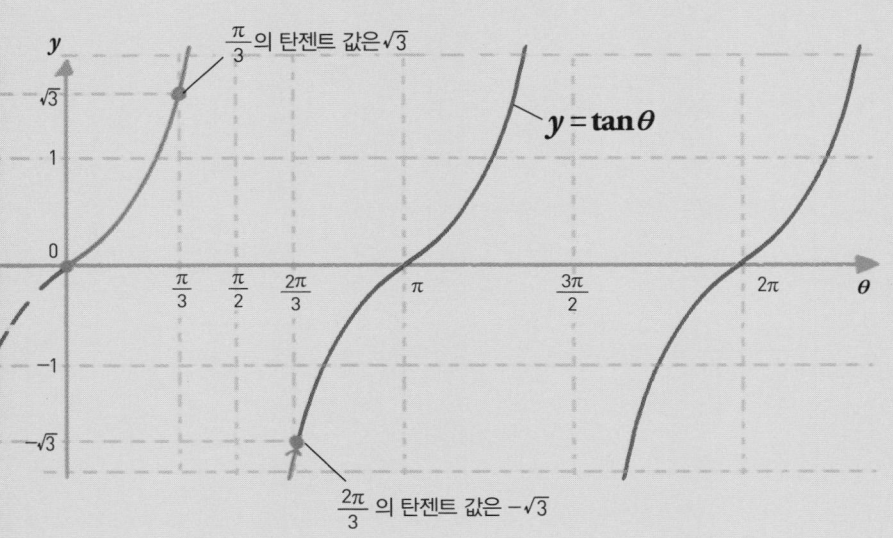

$\frac{\pi}{3}$의 탄젠트 값은 $\sqrt{3}$

$y = \tan\theta$

$\frac{2\pi}{3}$ 의 탄젠트 값은 $-\sqrt{3}$

8 삼각함수에 변화를 주면 파도의 높이와 주기가 바뀐다

❖ sin 뒤에 오는 수가 변하는 경우

지금까지 본 삼각함수 곡선에 조금 더 변화를 준 삼각함수 곡선을 보자.

먼저 sin 뒤에 오는 숫자를 변화시킨 곡선을 본다(그림 ①). $y = \sin x$ 는 2π를 주기로 같은 형태가 나타난다. 그러나 $y = \sin 2x$는 $y = \sin x$ 에 비해 주기가 $\frac{1}{2}$배, $y = \sin 3x$는 $\frac{1}{3}$배가 된다. **즉, sin 다음의 x에 곱하는 숫자가 커지면 주기가 짧아지는(파도의 좌우 폭이 좁아지는) 것을 알 수 있다.**

❖ sin 앞에 오는 수가 변하는 경우

sin 앞에 오는 숫자를 변화시킨 곡선도 그렸다(그림 ②). **sin 앞에 곱하는 수가 커질수록 파도의 높이(진폭)가 커진다.**

정리하자면 sin 앞에 오는 숫자에 따라 진폭이 바뀌고, 뒤에 오는 숫자에 따라 주기가 바뀐다.

sin 뒤에 오는 숫자가 커지면 파도의 좌우 폭이 좁아진다(①). $\sin x$의 앞에 곱하는 숫자가 커지면 파도의 높이가 높아진다(②).

① $y = \sin x$의 주기가 바뀐다

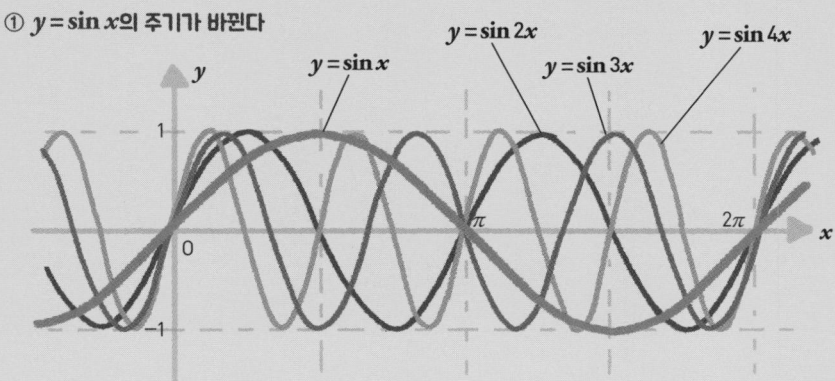

② $y = \sin x$의 높이(진폭)가 바뀐다

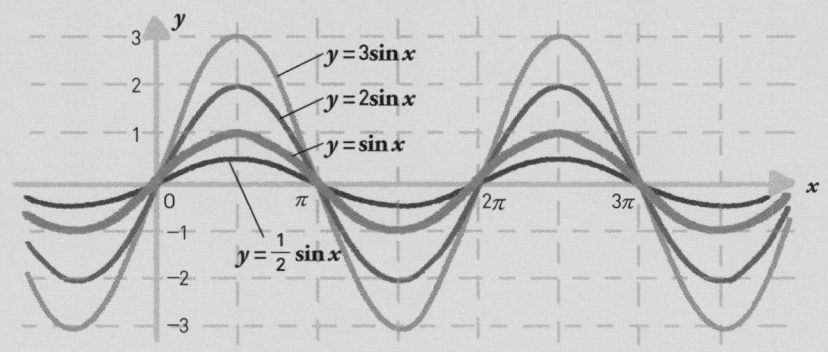

9 주변에서 흔히 접하는 '파동'

✤ 빛, 소리, 전파는 모두 '파동'

사인과 코사인의 그래프는 파도를 그린다는 사실을 알았다. 파도라고 하면 주변에서는 바다의 파도를 떠올리는 사람이 많을지도 모른다. 그러나 물리학에서 말하는 '파동'은 그러한 파도만을 의미하지 않는다. **빛도, 소리도 파동이다. 우리의 생활과 떼려야 뗄 수 없는 휴대전화나 TV도 '전파'라는 파동을 이용한다.**

지진 역시 땅속에서 오는 지진파라는 파동 때문에 지상이 흔들리는 자연현상이다.

✤ 모든 파동은 단순한 파동이 겹친 것이다

우리가 일상에서 접하는 파동은 형태가 복잡하다. 다양한 방향에서 다양한 주기와 진폭의 파동들이 겹치며 들어와 실제의 파동을 만들기 때문이다.

그래서 현실의 복잡한 파동도 분해해보면 여러 겹의 '단순한 파형'으로 이루어져 있다. 여기서 단순한 파형이란 사인 곡선이나 코사인 곡선을 말한다. 단순한 파형이 모든 파동 현상의 기본을 이룬다.

우리 주변의 파동

우리 주위에는 음파나 빛, 전파, 바다의 파도, 지진파 등의 파동이 있다. 이 파동들을 효과적으로 이용하고 해석하기 위해 삼각함수가 활용된다.

10 '푸리에 변환'으로 복잡한 파동을 단순한 파동으로

✤ 사인파와 코사인파로 분해한다

앞에서 말한 '복잡한 파동을 단순한 파동으로 분해한다'란 무슨 뜻일까? 프랑스의 수학자이자 물리학자인 푸리에의 생각을 알아보자(푸리에는 122~123쪽 참고).

목소리나 악기 소리가 만드는 복잡한 파동을 수학에서는 '어떤 함수의 그래프'라고 본다. **그리고 푸리에는 '모든 함수는 다양한 사인과 코**

푸리에 변환의 이미지

오른쪽 그림의 왼쪽 아래가 복잡한 파동이다. 복잡한 파동을 구성하는 단순한 파동을 정리하고, 각 성분의 크기(파동의 진폭의 크기)를 구하는 것이 푸리에 변환의 이미지다.

푸리에 변환을 나타내는 수식

$$F(k) = \frac{1}{\sqrt{2\pi}} \int_{-\infty}^{\infty} f(x) e^{-ikx} dx$$

수식은 어렵지만 푸리에 변환이
어떤 것인지는 알아두고 싶어.

사인을 무한으로 더한 식으로 나타낼 수 있다'라고 생각했다. 여기서 복잡한 파동을 단순한 파동으로 분해한다는 말은 사인파와 코사인파로 분해한다는 뜻이다. 단순한 파동으로 분해하면 어떤 높이의 소리가 얼마만큼 포함되어 있는지 알 수 있고 목소리나 악기 소리의 특징을 분석할 수 있다.

◆ 푸리에 변환을 응용하여 파동의 특징을 분석한다

이처럼 복잡한 파동을 단순한 파동으로 분해할 때 이용되는 수학을 푸리에 변환이라고 한다(왼쪽 아래의 수식). 그리고 푸리에 변환을 활용하여 원래 함수의 성질을 알아보거나 푸리에 변환을 응용하여 파동의 특징을 분석하는 것을 '푸리에 해석'이라고 부른다.

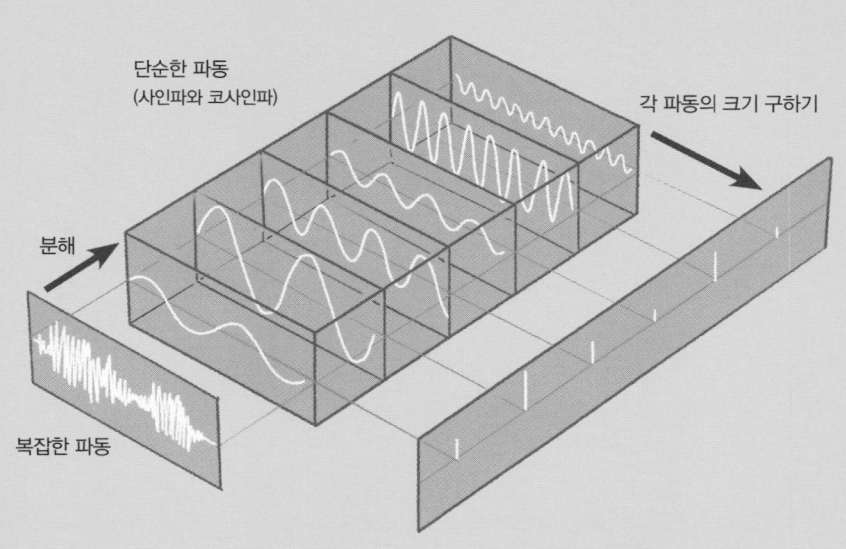

단순한 파동
(사인파와 코사인파)

각 파동의 크기 구하기

분해

복잡한 파동

우리 생활을 떠받치는 푸리에 해석

푸리에 해석은 음성·화상·영상에 포함되는 정보를 분석할 때 중요한 역할을 한다. 예를 들면 AM 라디오의 안테나에는 다양한 전파가 도달하는데 라디오 방송국이 발신하는 전파만을 잡아내 음성으로 변환한다. **이와 같은 AM 라디오의 구조를 이해하려면 푸리에 해석이 필요하다.** 라디오나 텔레비전, 휴대전화의 통신, Wi-Fi 등의 무선 LAN에서도 푸리에 해석이 활약한다.

최근에는 스마트폰이나 스마트 스피커 같은 기계가 사람이 하는

도서관은
어디지?

말을 알아듣는 '음성인식기술'이 발전하고 있다. **사람 목소리의 파동은 복잡하지만 푸리에 해석을 하면 뜻을 정확히 파악할 수 있다.**

또한, 때로 심각한 피해를 불러오는 지진은 진원에서 생긴 진동(가속도의 변화)이 파도(지진파)처럼 주위로 넓게 퍼져 전달되는 현상이다. **지진 연구자는 지진파를 푸리에 해석하여 건물이 흔들리기 쉬운 특정 주파수 성분을 분석한다.**

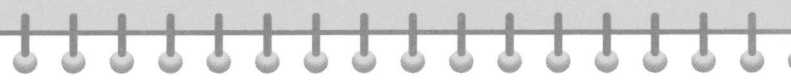

푸리에는 이런 사람!

푸리에 해석에 자신의 이름을 남긴 장 푸리에는 1768년에 프랑스의 오세르에서 태어났다. **어려서 부모를 잃고 고아가 되었고, 푸리에를 맡아준 주교의 뜻에 따라 육군 유년학교에 입학해 뛰어난 수학 재능을 꽃피웠다.**

푸리에가 스물한 살이 되던 1789년에 프랑스 혁명이 일어나 프랑스는 혼란에 빠졌다. 이 혼란을 진정시킨 사람이 훗날 황제가 되는 나폴레옹 보나파르트(1769~1821)다. 나폴레옹은 프랑스군의 이집트 원정에 과학자를 대동했는데 그중에 푸리에도 있었다. 이집트 원정을 계기로 푸리에는 온몸에 붕대를 감고 '미라 생활'을 보냈다는 일화가 있다.

이집트에서 귀국한 후, 푸리에는 지방장관이 되었다. **일하는 틈틈이 열전도를 연구하는 데 매진하던 중 '어떤 함수든 다양한 사인과 코사인을 무한으로 더한 식으로 나타낼 수 있다'라는 사실을 발견했다.**

버뮤다 삼각지대

미국 플로리다 반도, 푸에르토리코 자치주, 버뮤다 제도를 잇는 삼각형 해역을 '버뮤다 삼각지대'라고 한다. **버뮤다 삼각지대는 옛날부터 배나 비행기가 의문의 사고를 자주 당한다는 전설이 있어 '마의 삼각지대'라고도 불린다.**

전설에 따르면 1918년에 미국 해군 수송선이 해역에 들어간 후 소식이 끊겼다. 1945년에는 미국 전투기 다섯 대가 방향을 잃고 실종되었다. 1963년에는 미국 공군의 대형 수송기가 근처 해역에서 소식이 끊어졌다. 그 밖에도 많은 배와 비행기가 실종되었다고 한다.

미국 해양대기청에 따르면 많은 사고의 원인이 기상 악화나 인간의 실수 때문이라고 한다. 그리고 애당초 버뮤다 삼각지대에서 일어난 조난 사고의 빈도는 다른 해역과 비교해 딱히 많지는 않다고 한다.

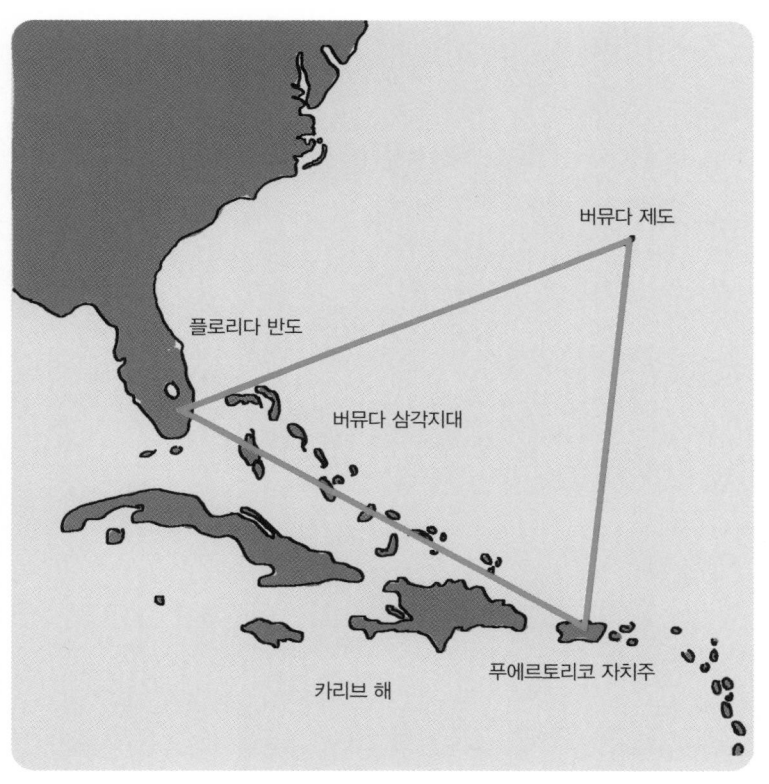

버뮤다 제도

플로리다 반도

버뮤다 삼각지대

푸에르토리코 자치주

카리브 해

Staff

Editorial Management 기무라 나오유키
Editorial Staff 이데 아키라
Cover Design 미야카와 에리
Editorial Cooperation 주식회사 미와 기획(오쓰카 겐타로, 사사하라 요리코), 엔도 노리오,
구로다 겐지

일러스트

9   요시마스 마리코
13   Newton Press, 하다 노노카
14~15   Newton Press, 하다 노노카
16~17   Newton Press, 하다 노노카
19   Newton Press, 하다 노노카
21   하다 노노카
23   하다 노노카
25   하다 노노카
26   하다 노노카
29   Newton Press, 하다 노노카
31   Newton Press, 하다 노노카
33   Newton Press, 하다 노노카
35   하다 노노카
37   하다 노노카
39   Newton Press, 하다 노노카
41   Newton Press, 하다 노노카
43   하다 노노카
45   하다 노노카
47   Newton Press, 하다 노노카
49   Newton Press, 하다 노노카
51   하다 노노카
53   하다 노노카
55   Newton Press, 하다 노노카
56~58   하다 노노카
61   Newton Press, 요시마스 마리코
63   Newton Press, 요시마스 마리코
65   Newton Press, 요시마스 마리코
67   Newton Press, 하다 노노카
69   Newton Press, 하다 노노카
71   하다 노노카
73   하다 노노카
75   Newton Press, 요시마스 마리코
77   Newton Press, 요시마스 마리코
79   Newton Press, 요시마스 마리코
81   Newton Press, 요시마스 마리코
83   Newton Press, 요시마스 마리코
85   Newton Press, 요시마스 마리코
87   하다 노노카
89   하다 노노카
91   하다 노노카
93   하다 노노카
95   요시마스 마리코
97   요시마스 마리코
101   Newton Press, 요시마스 마리코
103   Newton Press, 요시마스 마리코
105   Newton Press, 요시마스 마리코
106~107   Newton Press, 하다 노노카
109   Newton Press, 하다 노노카
111   Newton Press, 요시마스 마리코
112~113   Newton Press, 하다 노노카
115   Newton Press, 하다 노노카
117   Newton Press, 하다 노노카
118~119   Newton Press, 하다 노노카
120~121   요시마스 마리코
123   하다 노노카
125   요시마스 마리코

협력

우에노 겐지(웃카이치대학 세키 고와 수학연구소 소장, 교토대학 명예교수)

별책 기사 협력

우에노 겐지(웃카이치대학 세키 고와 수학연구소 소장, 교토대학 명예교수)
다케우치 아쓰시(와세다대학 이공학술원장 · 선진이공학부 교수)
미타니 마사아키(도쿄전기대학 공학부 정보통신공학과 교수)

본서는 Newton 별책 『삼각함수』의 기사를 일부 발췌하고 대폭적으로 추가·재편집을 하였습니다.

지식 제로에서 시작하는
수학 개념 따라잡기

삼각함수의 핵심

1판 1쇄 찍은날 2020년 11월 15일
1판 4쇄 펴낸날 2024년 5월 17일

지은이 | Newton Press
옮긴이 | 김서현
펴낸이 | 정종호
펴낸곳 | 청어람e

편집 | 홍선영
마케팅 | 강유은
제작·관리 | 정수진
인쇄·제본 | (주)성신미디어

등록 | 1998년 12월 8일 제22-1469호
주소 | 04045 서울특별시 마포구 양화로 56(서교동, 동양한강트레벨), 1122호
이메일 | chungaram_e@naver.com
전화 | 02-3143-4006~8
팩스 | 02-3143-4003

ISBN 979-11-5871-150-4 44410
      979-11-5871-148-1 44410(세트번호)

청어람 e))는 미래세대와 함께하는 출판과 교육을 전문으로 하는 청어람미디어의 브랜드입니다.
어린이, 청소년 그리고 청년들이 현재를 돌보고 미래를 준비할 수 있도록 즐겁게 기획하고 실천합니다.